Senthilkumar Balakrishnan
Karthik Kaliaperumal
Senbagam Duraisamy

Imunologia prática - Manual de laboratório

Senthilkumar Balakrishnan
Karthik Kaliaperumal
Senbagam Duraisamy

Imunologia prática - Manual de laboratório

ScienciaScripts

Imprint

Cover image: www.ingimage.com

This book is a translation from the original published under ISBN 978-3-330-35203-2.

Publisher:
Sciencia Scripts
is a trademark of
Dodo Books Indian Ocean Ltd. and OmniScriptum S.R.L publishing group

120 High Road, East Finchley, London, N2 9ED, United Kingdom
Str. Armeneasca 28/1, office 1, Chisinau MD-2012, Republic of Moldova, Europe
Printed at: see last page
ISBN: 978-620-7-66005-6

Prefácio

Este manual trata de técnicas envolvidas na imunologia básica e aplicada, que são úteis para estudantes de graduação e pós-graduação de disciplinas médicas, veterinárias e de ciências da vida. Este manual é composto por 33 experiências e foi concebido para proporcionar ao estudante uma experiência laboratorial "prática". A intenção é fornecer aos estudantes uma ferramenta organizada e de fácil utilização que lhes permita compreender os aspectos laboratoriais da imunologia e os testes de laboratório. Os exercícios foram padronizados no laboratório e foram facilitados para que os alunos possam seguir os protocolos de forma autónoma, que são auto-explicativos. Cada exercício contém a explicação teórica subjacente à experiência e também tem perguntas e respostas relacionadas com a experiência. A secção de interpretação de cada exercício é onde o aluno regista os resultados e conclusões importantes que lhe permitirão preparar-se para a prática.

Agradecemos à Universidade de Haramaya, Etiópia, por disponibilizar as instalações e o apoio necessários para o trabalho experimental. Gostaríamos de ouvir quaisquer comentários, correcções ou sugestões para melhorar este manual nas suas edições subsequentes.

Senthilkumar Balakrishnan Karthik
Kaliaperumal Senbagam Duraisamy

Índice

I. INTRODUÇÃO ÀS TÉCNICAS IMUNOLÓGICAS

O nosso ambiente é constituído por uma variedade de microrganismos infecciosos, nomeadamente bactérias, vírus, protozoários e parasitas multicelulares. Podem ser adquiridos a partir de diferentes fontes, incluindo seres humanos, animais, insectos, ar, solo, água, alimentos, etc. Podem causar doenças e até matar o hospedeiro. A maioria dos micróbios infecciosos vive pouco tempo no interior do hospedeiro e causa poucos danos. Isto deve-se ao sistema imunitário, que afecta os agentes infecciosos.

Uma vez que os micróbios se apresentam sob muitas formas diferentes, é necessária uma grande variedade de respostas imunitárias para lidar com cada tipo de infeção. A primeira linha de defesa é o exterior do nosso corpo, que actua como uma barreira eficaz contra a maioria dos microrganismos. Muito poucos agentes infecciosos conseguem penetrar na pele. No entanto, muitos dos microrganismos conseguem entrar através dos epitélios do trato gastrointestinal ou urogenital. Outros podem infetar a nasofaringe e os pulmões. Um pequeno número de microrganismos, como a malária e a hepatite, só pode infetar uma determinada célula ou órgão se entrar no corpo.

O local da infeção e o tipo de agentes patogénicos determinam qual o tipo de sistema imunitário que será eficaz. A diferença mais importante entre aqueles que invadem as células hospedeiras e aqueles que não o fazem.

Todos os vírus, algumas bactérias e alguns protozoários parasitas replicam-se no interior da célula hospedeira, provocando a infeção. O sistema imunitário tem de reconhecer e destruir estas células infectadas. Muitas bactérias e parasitas maiores vivem em tecidos, fluidos corporais ou outros espaços extracelulares e a resposta a estes agentes patogénicos é bastante diferente.

Durante o curso da infeção, os vírus e outros agentes patogénicos intracelulares têm de chegar às células-alvo deslocando-se através do sangue e dos fluidos dos tecidos. Nesta altura, são susceptíveis aos elementos do sistema imunitário que normalmente se deparam com agentes patogénicos extracelulares.

Assim, a imunologia é um campo que trata do mecanismo de defesa do nosso corpo e das respostas contra vários antigénios (micróbios) e induz o corpo a eliminar esses antigénios através da produção de várias imunoglobulinas (anticorpos) e linfócitos activados.

Antigénios

Qualquer substância que induza a formação de anticorpos é designada por antigénio. No entanto, alguns antigénios não induzem a produção de anticorpos por si próprios. Necessitam da ajuda de uma molécula transportadora, que pode ser designada por hapteno. Os antigénios que induzem a produção de anticorpos são designados por imunogénios.

Um antigénio (imunogénio) perfeito deve ter algumas propriedades, como se segue:

- Possui um elevado grau de estrangeirismo.

- Deve ter um peso molecular elevado.
- As suas estruturas moleculares devem ser mais complexas.
- Os antigénios solúveis são mais eficazes do que os insolúveis.
- Os antigénios carregados são mais eficazes do que os normais.

A natureza antigénica de um antigénio é sempre determinada por locais determinantes antigénicos ou epítopos que estão presentes na superfície do antigénio. Os epítopos são o local reativo para os anticorpos.

Imunoglobulinas (Anticorpos)

As imunoglobulinas são as glicoproteínas produzidas pelos animais superiores em resposta a qualquer antigénio. Têm a propriedade de se combinar especificamente com o antigénio, que induziu a sua formação. São classificadas em cinco tipos diferentes com base na sua organização estrutural: IgM, IgG, IgA, IgE e IgD.

Complemento

Os complementos são o grupo de glicoproteínas que actuam em conjunto com os anticorpos para matar a forma extracelular dos agentes patogénicos. O complemento pode ser ativado espontaneamente na presença de determinados agentes patogénicos ou pelo complexo Ag-Ab. Se o agente patogénico ficar revestido com a proteína do complemento, esta facilita a remoção do agente patogénico pelos fagócitos de forma eficiente. Pode também matar o agente patogénico através da formação de um complexo de ataque à membrana, que é gerado no final da via clássica ou alternativa ou da via da lectina.

Reacções antigénio - anticorpo

É a interação entre o epítopo do antigénio e o parátopo do anticorpo. Estas interacções ocorrem naturalmente no interior do organismo para a eliminação de agentes patogénicos invasores. São as chamadas reacções Ag-Ab *in vivo*. No laboratório, estamos a utilizar essa interação para o diagnóstico de uma determinada doença. Estas reacções antigénio-anticorpo realizadas em laboratório para o diagnóstico de doenças são designadas por reacções Ag-Ab *in-vitro*.

Todas as reacções Ag - Ab são reguladas por

- Formação de ligações de hidrogénio entre o antigénio e o anticorpo
- Forças electrostáticas entre o antigénio e o anticorpo
- Forças da parede de Vander entre um antigénio e um anticorpo
- Atração hidrofóbica entre um antigénio e um anticorpo

Soro/Plasma

O soro/plasma é necessário para a realização de reacções Ag - Ab para o diagnóstico de doenças microbianas. O soro é um material essencial (que contém anticorpos) e difere do plasma sanguíneo na medida em que não contém factores de coagulação. O estudo do soro e dos seus componentes é designado por serologia.

EXERCÍCIOS

1. **O que é a infeção?** A entrada de um agente patogénico e a sua multiplicação num hospedeiro.
2. **Quais são as fontes de infeção?** Seres humanos, animais, insectos, solo, água, alimentos e fómites.
3. **O que é um antigénio?** Os antigénios são as substâncias que estimulam a resposta imunitária humoral (produção de Abs) ou mediada por células (células T), quando introduzidas num hospedeiro.
4. **O que é um anticorpo?** Glicoproteínas que são produzidas em resposta a desafios antigénicos.
5. **O que é o soro?** Porção não coagulada do sangue obtida a partir do sangue coagulado.
6. **O que é o plasma?** O líquido transparente que forma a fase líquida do sangue (após centrifugação).
7. **O que são complementos?** Um grupo de proteínas séricas que é ativado por factores como os complexos imunes e participa numa cascata enzimática, acabando por gerar o complexo citolítico de ataque à membrana.
8. **O que é um epítopo?** Local discreto na superfície de um antigénio que é reconhecido e ligado por um anticorpo específico, TCR (recetor de células T) - péptido MHC (complexo principal de histocompatibilidade).
9. **O que é um paratopo?** O local no domínio variável (V) de um anticorpo ou recetor de células T que se liga a um epítopo de um antigénio.
10. **O que é a imunização?** A administração de um antigénio a um hospedeiro para lhe conferir imunidade.
11. **O que é a imunogenicidade?** A capacidade de uma molécula para provocar uma resposta imunitária.
12. **O que é a opsonina?** Uma molécula que facilita a fagocitose através do revestimento de partículas estranhas.

II. PRINCÍPIOS DA REACÇÃO ANTIGÉNIO-ANTICORPO

Um dos modelos mais avançados para explicar a interação Ag - Ab para formar um complexo visível é a hipótese da rede. De acordo com esta hipótese, o anticorpo tem normalmente uma afinidade de ligação muito elevada para um antigénio específico e todos os anticorpos são bivalentes, mesmo na sua forma monomérica. No entanto, se o antigénio for um hapteno monovalente, então duas moléculas de anticorpo ligam-se ao hapteno e formam complexos solúveis que seriam demasiado pequenos para serem vistos. Como os antigénios são polivalentes (têm muitos determinantes antigénicos), o anticorpo tem agora a oportunidade de fazer ligações cruzadas com o antigénio para formar uma rede. Se estas se tornarem suficientemente grandes, precipitam para formar um floculado ou aglutinam partículas para formar uma reação visível.

Para formar a maior quantidade possível de precipitado ou aglutinado, é necessário que o antigénio e o anticorpo estejam presentes numa quantidade de equivalência óptima, tal como antigénios suficientes para saturar o local de combinação de anticorpos. Esta é a chamada zona de equivalência e pode ser utilizada para quantificar o antigénio e o anticorpo. Se a quantidade de antigénio ou de anticorpo for excessiva, resulta na formação de complexos imunes mais pequenos, invisíveis e solúveis. Esta pequena rede é formada devido à falta de formação de uma rede extensa.

Fases das reacções Ag-Ab

As reacções Ag-Ab ocorrem em três fases, isto é, fase primária, fase secundária e fase terciária.

Fase primária

Esta é a interação inicial entre Ag-Ab sem quaisquer efeitos visíveis. Esta reação pode ocorrer mesmo a baixas temperaturas T^{o} . A combinação entre as moléculas de Ag e Ab é efectuada por forças intermoleculares mais fracas, como as forças de Vander Val, ligações iónicas e ligações de hidrogénio, e por ligações covalentes mais firmes. Esta reação primária pode ser detectada através da estimativa do Ag ou Ab livre e ligado, utilizando métodos físicos (isótopos radioactivos) e químicos (corantes fluorescentes; enzimas).

Fase secundária

Esta reação conduz a acontecimentos demonstráveis, como precipitação, aglutinação, lise de células, morte de antigénios vivos, neutralização de toxinas, fixação de complementos, imobilização de microrganismos e aumento da fagocitose.

Fase terciária

Algumas reacções Ag-Ab ocorrem *in vivo, o* que leva à neutralização ou destruição de Ag's nocivos ou a danos nos tecidos. Isto inclui a imunidade humoral contra doenças infecciosas, bem como a alergia clínica e outras doenças imunológicas.

Classificação das reacções Ag-Ab

Para efeitos práticos, a reação antigénio-anticorpo é classificada em três tipos: precipitação, floculação e aglutinação.

Precipitação

A reação que ocorre entre um antigénio solúvel e o seu anticorpo homólogo é designada por precipitação. Os antigénios envolvidos nas reacções de precipitação são designados por precipitinogénio e o seu anticorpo é designado por precipitina. A reação manifesta-se pela formação de um precipitado visível na interface do reagente, mas pode ser inibida por um excesso de antigénio ou de anticorpo. O teste é adotado principalmente para identificar e distinguir entre diferentes antigénios e anticorpos na solução. Os factores que influenciam a precipitação são os electrólitos, o pH, a temperatura e o tempo.

Floculação

É a agregação de partículas inertes como o látex, o carvão, a emulsão de colesterol que são revestidas com o antigénio, como resultado da reação com anticorpos. Estas partículas encontram-se a flutuar na superfície da solução. Este tipo de teste é utilizado principalmente para aumentar a eficácia da reação Ag - Ab, caso contrário a reação será menos eficaz.

Aglutinação

A reação entre o antigénio celular (particulado) e o seu anticorpo homólogo é designada por aglutinação. É semelhante à reação de precipitação, exceto que as partículas que reagem são maiores. O antigénio e o anticorpo envolvidos nas reacções de aglutinação são denominados aglutinogénio e aglutinina, respetivamente. Este tipo de reação é amplamente utilizado em laboratórios clínicos.

EXERCÍCIOS

1. **O que é um teste serológico?** O soro é utilizado para a deteção e quantificação de Ag ou Ab. A reação Ag-Ab realizada *in-vitro* é conhecida como reacções serológicas
2. **O que é Ag particulado?** Não é facilmente solúvel num solvente como a água destilada ou o soro fisiológico.
3. **O que é Ag solúvel?** Solúvel prontamente no solvente, como água destilada ou soro fisiológico Por exemplo, toxinas, enzimas, soro.
4. **Dar exemplos de testes de aglutinação direta.** Agrupamento sanguíneo, teste de hemaglutinação, teste de Widal
5. **O que é a prova de aglutinação indireta ou passiva? Dar um exemplo?** Uma prova de aglutinação em que um antigénio solúvel é ligado quimicamente a uma partícula inerte/particulada.
6. **Dar exemplos de testes de aglutinação passiva.** Teste de hemaglutinação passiva para deteção de infeção por Mycoplasma, teste de antiestreptolisina-o (ASO), teste de artrite reumatoide (AR), teste de proteína C reactiva (PCR).

7. **Dar exemplos de testes de inibição da aglutinação.** Teste de gravidez e teste de inibição da hemaglutinação viral.

8. **Dar exemplos de testes de floculação?** Teste VDRL (Venereal Disease Research Laboratory), teste RPR (Rapid Plasma Reagin).

9. **Dar exemplos de testes de precipitação?** Técnica de Dupla Imunodifusão de Ouchterlony (ODD), Imunoeletroforese em Contracorrente (CIE), Imunoeletroforese (IE), Imunodifusão Radial (RID), Imunoeletroforese em Foguetão (RIE).

10. **Dê exemplos da fase primária da reação Ag-Ab?** ELISA, RIA, CFT.

11. **Dar exemplos de reacções secundárias de Ag-Ab?** Testes de aglutinação e de precipitação.

12. **Dê exemplos da fase terciária da reação Ag-Ab?** Todos os testes in vivo (teste de Shick, neutralização viral).

III. REGULAMENTO DOS LABORATÓRIOS DE IMUNOLOGIA

1. Colocar um avental de laboratório limpo durante o trabalho no laboratório.
2. Lavar as mãos e o tampo da mesa antes e depois de cada período de laboratório com uma loção anti-séptica.
3. Nunca tocar com os lábios na ansa de inoculação, nos tampões de algodão ou em qualquer outro material semelhante.
4. Se uma cultura for derramada, cobrir a área com loção anti-séptica e informar o professor/responsável pelo laboratório para que seja devidamente eliminada.
5. Esterilizar a ansa de inoculação antes e depois da sua utilização.
6. A pipetagem bucal nunca deve ser efectuada. Utilizar sempre um bolbo de borracha.
7. Colocar as culturas fora de uso no local previsto para o efeito.
8. Colocar os algodões usados, os papéis de filtro e outros materiais semelhantes deitados fora no cesto do lixo. Não os deixar em cima da mesa nem atirar para o chão.
9. Etiquete corretamente todas as suas culturas antes de as colocar na incubadora. As culturas devem ser sempre colocadas no local designado na incubadora.
10. Quando não estiver a ser utilizado, desligar o queimador de gás e a lâmpada do microscópio.
11. Utilizar sempre o microscópio atribuído, que deve ser mantido devidamente limpo. Utilizar papel absorvente para limpar as objectivas.
12. Todos os reagentes, corantes e outros equipamentos devem ser devolvidos aos seus lugares originais no final do período de laboratório.
13. Ao sair do laboratório, verificar se os pontos de gás, eletricidade e água estão desligados.
14. Familiarizar-se antecipadamente com o exercício a realizar no período laboratorial seguinte.
15. Escrever os exercícios laboratoriais no prazo de três dias a contar da data da sua realização. As perguntas devem ser respondidas e apresentadas.

1. COLHEITA DE SANGUE EM SERES HUMANOS

Objetivo

Recolher sangue de seres humanos.

Princípio

O sangue deve ser colhido com cuidado e com as precauções de segurança adequadas para garantir a fiabilidade dos resultados dos testes, evitar a contaminação da amostra e prevenir a infeção por agentes patogénicos transmissíveis pelo sangue.

Materiais

Luvas de proteção, lancetas, agulhas, seringas, algodão, etanol a 70%, tubos com tampa de rosca, EDTA (ácido etileno diamino tetra acético), etc.

Método

Sangue capilar

1. Limpar a zona da punção com etanol a 70%. Deixar secar a zona.
2. Com uma lanceta esterilizada, efetuar uma punção rápida, suficientemente profunda para permitir o livre fluxo de sangue.
3. Limpar a primeira gota de sangue com um pedaço de algodão seco e utilizar as gotas seguintes para o teste. Não espremer com demasiada força, pois isso não permitirá obter um resultado fiável.
4. Quando tiver sido recolhido sangue suficiente, pressionar um pedaço de algodão seco sobre a zona da punção até parar de sangrar.

Sangue venoso

1. Selecionar uma seringa estéril, seca, de preferência de plástico, com a capacidade necessária, por exemplo, 2,5 ml, 5 ml ou 10 ml. Colocar uma agulha de 19 ou 20 G (de preferência descartável). Se o doente for uma criança ou um adulto com veias pequenas, utilizar uma agulha 23G.
2. Com o dedo indicador, procurar uma veia adequada, seleccionando uma veia reta suficientemente grande que não se enrole e com uma direção que possa ser sentida. Se não for possível apalpar uma veia, aplicar uma braçadeira de pressão acima do cotovelo e aumentar a pressão para 80 mm (esvaziar a braçadeira quando a agulha estiver na veia).
3. Limpar o local da punção com etanol a 70% e deixar secar. Não voltar a tocar na zona limpa.
4. Com o polegar da mão esquerda a segurar a pele por baixo do local da punção, efetuar a punção venosa com o nível da agulha dirigido para cima, na linha da veia. Retirar progressivamente o êmbolo da seringa à velocidade a que a veia está a encher. Evitar mover a agulha na veia.
5. Se o êmbolo for retirado demasiado depressa, pode provocar a hemólise do sangue e o colapso de uma

pequena veia.

6. Quando tiver sido recolhido sangue suficiente, soltar o torniquete, retirar a agulha e pressionar imediatamente o local da punção com um pedaço de algodão seco.
7. Instruir o doente para continuar a pressionar o local da punção até a hemorragia parar.
8. Retirar a agulha da seringa e encher cuidadosamente o(s) recipiente(s) com o volume de sangue necessário.
9. Ao retirar a agulha, libertar sempre primeiro o torniquete e aplicar imediatamente pressão no local da punção, mantendo-a até a hemorragia parar completamente. Deitar fora a agulha de forma segura.
10. Misturar imediatamente o sangue num recipiente anticoagulado com EDTA ou citrato. Se necessário, fazer uma película de sangue espessa a partir do sangue que ficou na seringa. Rotular imediatamente e com cuidado todas as amostras de sangue.
11. Verificar se a hemorragia do local de punção da veia parou. Cobrir a zona com um pequeno penso.

EXERCÍCIOS

1. **Para que serve o sangue capilar?** O sangue capilar é utilizado principalmente quando o doente é um lactente ou uma criança pequena e o volume de sangue necessário é pequeno, por exemplo, para medir a hemoglobina, efetuar uma contagem de leucócitos e fazer filmes de sangue espessos e finos.

2. **Para que serve o sangue venoso?** O sangue venoso é utilizado principalmente quando o volume de sangue necessário para o teste é maior. Por exemplo, testes serológicos, testes de velocidade de sedimentação de eritrócitos (VSG).
3. **Quais são os diferentes anticoagulantes utilizados na colheita de sangue?** Heparina, EDTA, citrato e oxalatos.

2. IDENTIFICAÇÃO DAS CÉLULAS SANGUÍNEAS

Objetivo

Identificar as células sanguíneas numa determinada amostra de sangue.

Princípio

A identificação e a contagem total das células sanguíneas são essenciais para identificar se uma pessoa sofre de alguma doença ou não. Para examinar as células sanguíneas, utiliza-se a coloração de Leishman, a menos que as células sanguíneas sejam transparentes. Uma vez que a coloração de Leishman tem carga positiva, atrai o núcleo das células sanguíneas, que tem carga negativa. Assim, o núcleo das células sanguíneas pode ser observado ao microscópio.

Materiais

Lâminas de vidro, lanceta, corante de Leishman, microscópio, álcool a 70%, algodão, óleo de cedro, desinfectantes, etc.

Método

1. Limpar as lâminas de vidro com água e sabão e secar. Esfregar o dedo médio com álcool a 70% e espetar com uma lanceta.
2. Colocar uma gota de sangue na lâmina a $3/4^{th}$ de uma extremidade, e espalhá-la com outra lâmina.
3. A lâmina de espalhamento é empurrada ao longo da lâmina, arrastando o sangue sobre a superfície da lâmina.
4. Quando a lâmina estiver seca, cobrir a película com a coloração de Leishman.
5. Deixar a coloração durante 4 minutos.
6. Em seguida, lavar durante 30 segundos com água destilada e sacudir o excesso por secagem com papel absorvente.
7. Em seguida, examinar ao microscópio de luz para identificação das células sanguíneas, utilizando objectivas de 10x, 40x e 100x.

Interpretação

Com base na forma e no tamanho do núcleo (Fig.l), as células sanguíneas podem ser identificadas como linfócitos (núcleo esférico grande), monócitos (núcleo grande em forma de feijão), neutrófilos (núcleo multi-lóbulos), eosinófilos (núcleo bi-lóbulos ou núcleo em forma de ferradura) e basófilos (núcleo pequeno em forma de feijão).

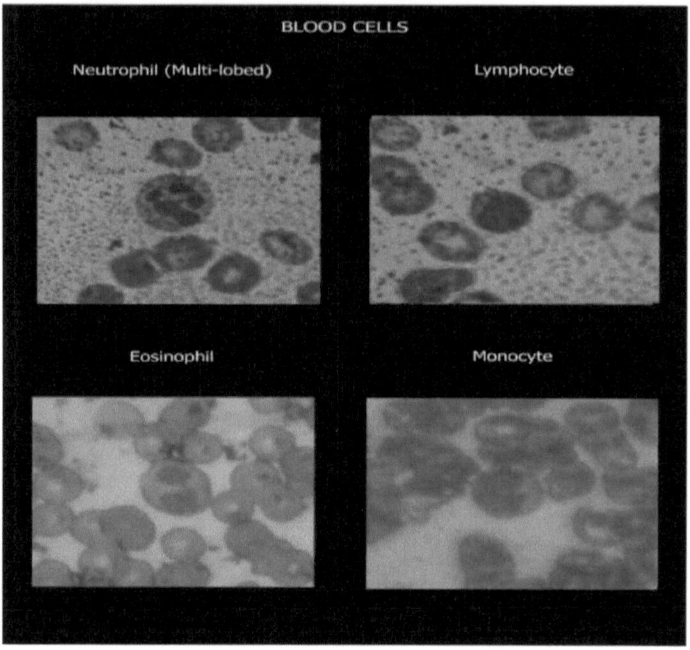

Fig.l Glóbulos brancos

EXERCÍCIOS

1. **Definir sangue?** O sangue é um fluido dos tecidos.
2. **Qual é a composição do sangue?** Plasma (aquoso) e células sanguíneas e plaquetas (sólido)
3. **Qual é o pH do sangue?** 7.35-7.45
4. **Qual é a quantidade de uma unidade de sangue?** 350 ml
5. **Quem descobriu o sangue?** Karl Landsteiner (1900)
6. **Qual é o volume total de sangue num adulto?** 4,7 a 5 litros
7. **Porque é que o sangue parece ser de cor vermelha?** Cada proteína da hemoglobina é composta por subunidades chamadas hemes, que são o que dá ao sangue a sua cor vermelha.
8. **Como é que ocorre o coágulo sanguíneo?** Um trombo, coloquialmente designado por coágulo sanguíneo, é o produto final da etapa de coagulação do sangue na hemostase. Existem dois componentes num trombo: plaquetas agregadas que formam um tampão plaquetário e uma rede de proteína de fibrina ligada de forma cruzada (conversão de fibrinogénio solúvel em fibrina insolúvel).
9. **Mencionar os granulócitos.** Os granulócitos são glóbulos brancos caracterizados pela presença de grânulos no seu citoplasma. Por exemplo, os neutrófilos, os eosinófilos e os basófilos.

10. **Referir os agranulócitos.** Os agranulócitos, também conhecidos como leucócitos mononucleares, são glóbulos brancos com um núcleo unilobulado. Caracterizam-se pela ausência de grânulos no seu citoplasma, o que os distingue dos granulócitos. Por exemplo, linfócitos e monócitos.

3. CONTAGEM DIFERENCIAL DE GLÓBULOS BRANCOS

Objetivo

Determinar o número total de leucócitos diferentes numa determinada amostra de sangue.

Princípio

A percentagem do tipo de glóbulos brancos é determinada após uma contagem total de 100 glóbulos. Diz-se que se trata de uma contagem diferencial de glóbulos brancos por contagem de células. No indivíduo normal, os neutrófilos representam 50-70%, os linfócitos 20-30%, os monócitos 2-6%, os eosinófilos 15% e os basófilos <1%. A contagem normal de leucócitos é entre 5000 e 10.000 leucócitos/cm2. O nível elevado de leucócitos é chamado leucocitose (30.000 ou 40.000), enquanto o nível diminuído de leucócitos é chamado leucopenia (5000 células).

O valor da contagem diferencial é importante no diagnóstico de doenças infecciosas. Um número elevado de neutrófilos (neutrofilia) indica frequentemente uma infeção localizada, como uma apendicite ou abcessos noutra parte do corpo. A neutropenia é o estado que se refere à diminuição do nível de neutrófilos; ocorre quando o indivíduo sofre de febre tifoide, febre undulante e gripe. O aumento do nível de eosinófilos (eosinofilia) indica uma doença alérgica ou uma infeção parasitária. O aumento do nível de linfócitos (linfocitose) indica que o indivíduo sofre de tosse convulsa e de algumas infecções virais. O aumento do nível de monócitos ocorre no caso de mononucleose (vírus da barra de Epstein).

Materiais

Artigos de vidro, lanceta, álcool a 70%, corante de Leishman, amostra de sangue, algodão, microscópio, óleo de madeira de cedro, desinfectantes, etc.

Método

1. Limpar a lâmina de vidro com água e sabão e secar.
2. Esfregar o dedo médio com álcool a 70%, espetar com uma lanceta.
3. Colocar uma gota de sangue numa lâmina a ¾ de uma extremidade e espalhá-la com outra lâmina.
4. A lâmina de espalhamento é empurrada ao longo da lâmina, arrastando o sangue sobre a superfície da lâmina.
5. Cobrir a película com a coloração de Leishman e contar as gotas adicionadas.
6. Corar a lâmina durante 4 minutos. De seguida, adicionou o mesmo número de gotas de água destilada à coloração e deixou-a corar durante 10 minutos.
7. Soprar suavemente a mistura de poucos em poucos minutos para manter a solução misturada.
8. Em seguida, lavar durante 30 segundos e sacudir o excesso por secagem com papel absorvente.
9. Examinar a lâmina com uma objetiva de baixa potência para encontrar uma área onde a distribuição

celular seja elevada e melhor.

10. Uma boa zona é aquela em que as células não estão amontoadas nem demasiado dispersas.

11. Examinar esquematicamente a lâmina com uma lente objetiva de 100X.

Interpretação

Registar as contagens de leucócitos (um total de 100 células) na folha de relatório do laboratório.

EXERCÍCIOS

1. **Qual é a percentagem normal de leucócitos no ser humano?** 5000 a 10.000 glóbulos brancos/cu.mm
2. **O que é a eosinofilia?** O aumento da percentagem de eosinófilos chama-se eosinofilia e indica infecções alérgicas ou parasitárias.
3. **O que é o desvio para a esquerda?** A circulação de neutrófilos imaturos no sangue é designada por desvio para a esquerda. É detectado pelo aumento do número de neutrófilos com ADN imaturo.
4. **O que são células de pus?** Os neutrófilos são frequentemente designados por células de pus.

4. CONTAGEM TOTAL DE CÉLULAS SANGUÍNEA (hemácias/leucócitos) - HEMOCITOSÓMETRO

Objetivo

Determinar o número total de hemácias/leucócitos de uma amostra de sangue.

Princípio

O hemocitómetro é utilizado para contar o número de células em suspensões celulares. A grelha do Neubaur-Lavy Haurser tem dezasseis divisões quadradas (quadrados grandes) em cada uma das quatro áreas de canto e 25 subdivisões na área central. Cada quadrado de subdivisão na área central é ainda dividido em 16 quadrados pequenos. Cada canto, ou seja, 16 quadrados grandes, é composto por uma área de 1 mm^2 e, do mesmo modo, os 25 quadrados centrais ocupam, no total, uma área de 1 mm^2 . A profundidade do fluido no espaço entre a grelha de contagem e a placa de canto é de 0,1 mm. Preparar os hemocitómetros colocando a lamela de canto na grelha de contagem. De modo a que as lâminas da lamela toquem em ambos os lados do suporte lateral. De um lado, colocar a suspensão e contar o número de células nos quadrados. No caso dos leucócitos, a contagem é efectuada nos quadrados grandes dos cantos.

Contagem total de hemácias

O sangue é diluído a 1/200 com líquido diluidor de hemácias e determina-se o número de células presentes no volume conhecido do sangue diluído. A partir daí, pode calcular-se o número de células presentes no sangue não diluído utilizando a diluição.

Materiais

Pipeta de Shalis para hemácias, hemocitómetro, microscópio, líquido de diluição de hemácias, etc.

Método

1. Encher a pipeta de Shalis para glóbulos vermelhos até ao nível da linha 0,5. Diluir o sangue com líquido de diluição até à marca acima do bolbo.
2. Dá uma diluição de 200 vezes ao sangue colhido. Retirar o tubo de borracha e misturar bem com a pipeta para formar uma suspensão uniforme.
3. Colocar uma gota desta suspensão num hemocitómetro com uma lamela.
4. Colocar os hemocitómetros ao microscópio e focar a zona central. Contar as células em quadrados grandes da área central (a, b, c, d e e).
5. Calcular a concentração da suspensão de células por centímetro cúbico (ml) utilizando a seguinte fórmula.

Interpretação

Cálculo

Area of one small square	= 1/400 mm^2 or 0.0025 mm^2
Therefore, area of 80 small squares	= 80 X 0.0025 = 0.2 mm^2
Depth of the small square	= 1/10 mm or 0.1 mm
So, the volume of the 80-small squares (or 5 cubes)	= 0.2 mm^2 X 0.1 mm = 0.02 mm^3 or 1/50 mm^3
Dilution factor (DF)	= 1/200
No. of RBC's counted	= N
So, Total no. of RBC per 1 mm^3	= (N/ Vol. of 5 cubes) X DF
	= N X 10000

A contagem total de eritrócitos na amostra dada é de .... milhões/mm³ .

Contagem total de leucócitos

O sangue é diluído com líquido de diluição de leucócitos, o ácido acético glacial lise as hemácias, enquanto a violeta de tensão cora o núcleo dos leucócitos. As células são contadas no hemocitómetro com uma objetiva de baixa potência. O número de leucócitos num sangue diluído é calculado e comunicado como o número de leucócitos/Cu mm de sangue total.

Materiais

Pipeta de Sahlis, hemocitómetro, ácido acético a 1% (líquido de diluição de leucócitos), microscópio, etc.

Método

1. Colher o sangue numa pipeta que contenha um grânulo branco até à marca "1" e diluir com ácido acético a 1% até à marca "u". Isto efectua uma diluição de 10 vezes do sangue.
2. Agitar a pipeta e encher o hemocitómetro com uma lamela com o líquido diluído.
3. Conta o número de células nas câmaras dos cantos com 16 quadrados grandes ou quatro cantos (A, B, C, D).
4. Calcular a concentração celular/ml (centímetro cúbico) através da seguinte fórmula.

Cálculo

Area of one small square	$= 1/16\ mm^2$ or $0.0625\ mm^2$
Therefore, area of 64 small squares	$= 64 \times 0.0625 = 4\ mm^2$
Depth of the small square	$= 1/10$ mm or 0.1 mm
So, the volume of the 64-small squares (or 4 cubes)	$= 4\ mm^2 \times 0.1$ mm $= 0.4\ mm^3$ or $1/2.5\ mm^3$
Dilution factor (D.F)	$= 1/20$
No. of WBC's counted	= N
So, Total no. of WBC per 1 mm^3	= (N/ Vol. of 4 cubes) X D.F
	= N X 50

Interpretação

A contagem total de leucócitos numa determinada amostra é de células/ mm^3 .

EXERCÍCIOS

1. **Qual é a contagem total de hemácias em pessoas normais?** No homem: 4,7 a 6,1 milhões de células por microlitro e Feminino: 4,2 a 5,4 milhões por microlitro.
2. **Qual é a contagem total de leucócitos em pessoas normais?** O número normal de leucócitos no sangue é de 4.500 a 11.000 glóbulos brancos por microlitro.
3. **O que é a anemia?** Uma condição em que há uma deficiência de glóbulos vermelhos ou de hemoglobina no sangue, resultando em palidez e cansaço.
4. **O que é a leucopenia?** É a diminuição do número de glóbulos brancos no sangue. Quando isto acontece, a imunidade fica gravemente enfraquecida e o indivíduo corre um risco maior de contrair infecções. A leucopenia pode ser causada por doenças, medicamentos e deficiências genéticas.
5. **O que é a anemia macrocítica?** Uma classe de anemia macrocítica é uma *anemia* (definida como sangue com uma concentração insuficiente de hemoglobina) em que os glóbulos vermelhos (eritrócitos) são maiores do que o seu volume normal. O volume normal dos eritrócitos nos seres humanos é de cerca de 80 a 100 femtolitros (fL= 10^{15} L). Em termos métricos, o tamanho é dado em micrómetros cúbicos equivalentes ($1\ \mu m^3 = 1$ fL). A condição de ter eritrócitos que (em média) são demasiado grandes é chamada macrocitose.
6. **O que é a anemia microcítica?** Na anemia microcítica, pelo contrário, os eritrócitos são mais pequenos do que o normal. Numa anemia macrocítica, os eritrócitos maiores estão sempre associados a um *número insuficiente* de células e, frequentemente, a um teor insuficiente de hemoglobina por célula. Estes dois factores têm um efeito contrário ao do aumento do tamanho das células, resultando numa *concentração total de hemoglobina no sangue* inferior ao normal (ou seja, anemia).

5. PREPARAÇÃO DE ANTIGÉNIOS DO SANGUE HUMANO

Como o sangue humano é naturalmente herdado com iso-antigénios, é possível produzir antigénios sanguíneos a partir do sangue. Os isoantigénios do sangue induzem os antigénios de superfície das hemácias, o antigénio leucocitário humano (HLA), etc. Não é permitido que o sangue coagule para preparar os antigénios sanguíneos, uma vez que a coagulação transforma o fibrinogénio solúvel em fibrina insolúvel, o que perturba a preparação dos antigénios sanguíneos. O coágulo sanguíneo pode ser evitado através da adição de anticoagulante ao sangue. Para eliminar as partículas indesejadas, o sangue é tratado (lavagem) com soro fisiológico.

Materiais

Dador, seringa, soro fisiológico, solução de Alsever *(ver apêndice),* frascos de vidro, algodão, álcool, etc.

Método

1. Faz-se uma punção venosa com a ajuda de uma seringa esterilizada e recolhe-se 5 ml de sangue.
2. O sangue colhido é transferido para um tubo de centrifugação esterilizado e adiciona-se um volume igual de solução de Alsever.
3. Do sangue anticoagulado, transferem-se 2 ml para um tubo de centrifugação e o volume é aumentado para 4 ml, adicionando soro fisiológico recentemente preparado.
4. Em seguida, centrifuga-se a 3000 rpm durante 5 minutos.
5. O sobrenadante é separado com uma pipeta de pastagem sem perturbar os glóbulos vermelhos no fundo do tubo de centrifugação.
6. Novamente, o volume é aumentado para 4 ml através da adição de soro fisiológico e centrifugado.
7. Este processo é repetido 4 vezes.
8. Finalmente, o sobrenadante é removido e os glóbulos vermelhos (antigénios do sangue) depositados na centrífuga são recolhidos e armazenados num frasco esterilizado.

Interpretação

O frasco que contém os antigénios sanguíneos é armazenado em soro fisiológico a 4^0 C para utilizações futuras.

EXERCÍCIOS

1. **Qual é a utilização do Ag de sangue?** Utilizado para a determinação de grupos sanguíneos, testes de hemaglutinação e inibição, absorventes, indicadores biológicos, anti-soros de aumento.
2. **Qual é a meia-vida da hemácia?** 120 dias.

3. **Qual é a meia-vida dos leucócitos?** Os vários glóbulos brancos têm um tempo de vida que varia entre dias para os neutrófilos e 20-30 anos.

4. **O que é um isoantigénio?** Está presente apenas em subconjuntos de uma espécie. Por exemplo, os antigénios dos grupos sanguíneos e os antigénios de histocompatibilidade nos seres humanos.

5. **O que é o antigénio heterófilo ou de Forssmann?** O antigénio de Forssmann é uma proteína heterófila glicolipídica e um tipo de antigénio heterogéneo encontrado em certos animais como cães, cavalos, gatos, tartarugas e ovelhas, incluindo organismos entéricos.

6. AGRUPAMENTO DE SANGUE (ABO)

Objetivo

Identificar o grupo sanguíneo de uma determinada amostra de sangue.

Princípio

Os glóbulos vermelhos humanos com antigénio A, B e D aglutinam-se na presença de anticorpos dirigidos ao respetivo antigénio. A aglutinação de glóbulos vermelhos com anticorpo monoclonal anti-A, monoclonal anti-B e monoclonal anti-D constitui um resultado positivo do teste e indica a presença do antigénio correspondente. A ausência de aglutinação dos glóbulos vermelhos com anticorpos monoclonais anti A, anti B e anti D é um resultado negativo e indica a ausência do antigénio correspondente. Com base na reação antigénio-anticorpo (aglutinação), os grupos sanguíneos possíveis são A^{+}, A^{-}, B^{+}, B^{-}, AB^{+}, AB^{-}, O^{+}, e O^{-}. Os antigénios A e B determinam os grupos sanguíneos A ou B, enquanto o antigénio D determina se o grupo sanguíneo é Rh (fator Rhesus) positivo ou negativo. Em contrapartida, as hemácias do grupo sanguíneo "O" não possuem antigénio. Assim, a ausência de antigénio nas hemácias determina o grupo sanguíneo "O".

Materiais

Amostra de sangue, anticorpos monoclonais anti A, anti B e anti D, lanceta, álcool a 70%, lâminas de vidro, algodão, desinfectantes, etc,

Método

1. Pega numa lâmina de vidro limpa e marca 3 áreas circulares numa lâmina de vidro e identifica-as como A, B e D.
2. Em seguida, limpar o dedo médio com álcool a 70% e espetar uma lanceta.
3. Adicionar uma gota de sangue aos círculos correspondentes e adicionar uma gota de anticorpo monoclonal anti A, anti B e anti D, respetivamente.
4. Misturar cada reagente celular com varas aplicadoras separadas.
5. Inclinar a lâmina para trás e para a frente e observar a aglutinação macroscópica.

Interpretação

- Se a aglutinação ocorrer com Anti A e Anti D, o grupo sanguíneo é A positivo.
- Se a aglutinação ocorrer com Anti B e Anti D, o grupo sanguíneo é B positivo.
- Se a aglutinação ocorrer com Anti A, Anti B e Anti D, o grupo sanguíneo é ABpositivo.
- Se a aglutinação não ocorrer no Anti A Anti B e a aglutinação apenas no AntiD, o grupo sanguíneo é O positivo.
- Se a aglutinação não ocorrer com o Anti A e ocorrer aglutinação apenas com o Anti D, o grupo sanguíneo é A negativo.

- Se a aglutinação não ocorrer com o Anti B e a aglutinação ocorrer apenas com o Anti D, o grupo sanguíneo é B negativo.
- Se a aglutinação não ocorrer com o Anti A, Anti B e a aglutinação apenas com o Anti D, o grupo sanguíneo é AB negativo.
- Se a aglutinação não ocorrer com Anti-A, Anti-B e Anti-D, o grupo sanguíneo é O negativo (Fig.2).

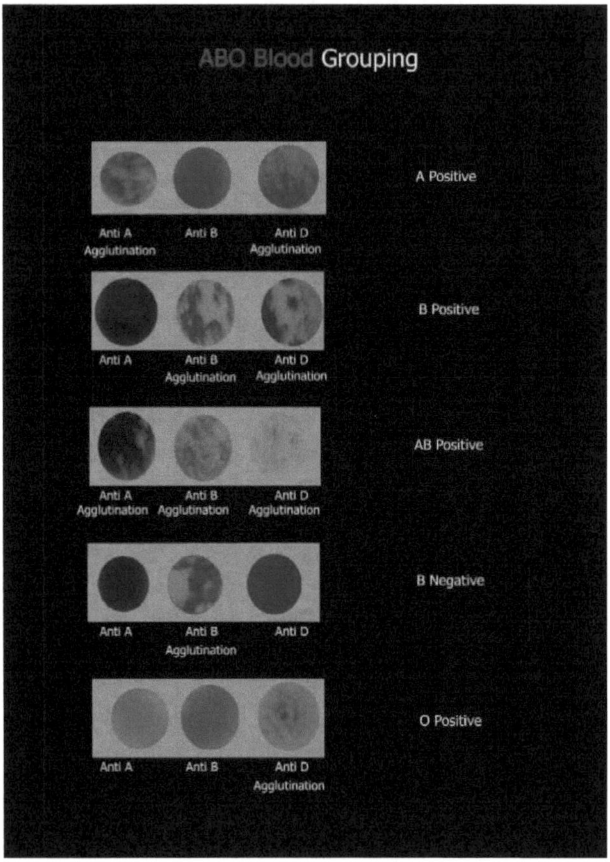

Fig. 2 Grupos sanguíneos

EXERCÍCIOS

1. **Quem descobriu o grupo sanguíneo ABO?** Karl Landsteiner (1900)
2. **Quem descobriu a tipagem Rh?** Alexander Solomon Wiener (1937)
3. **Qual é o grupo universal de dadores?** Grupo sanguíneo "O

4. **Qual é o grupo sanguíneo aceitador universal?** Grupo sanguíneo "AB

5. **Porque é que o doente com anemia falciforme não sofre de malária?** Como as hemácias têm a forma de foice, o parasita da malária não pode ser afetado.

6. **O que é o grupo sanguíneo de Bombaim?** O grupo sanguíneo h/h, também conhecido como **Oh** ou grupo **sanguíneo de Bombaim**, é um tipo de sangue raro. Este sangue (fenótipo) foi descoberto pela primeira vez em Bombaim, atualmente conhecida como Mumbai, na Índia, por Y.M.Bhende (1952).

7. PREPARAÇÃO DA AMOSTRA (SORO/PLASMA) PARA SEROLOGIA

Objetivo

Preparar soro e plasma para diagnosticar as doenças suspeitas com base na presença de anticorpos específicos.

Princípio

O soro é a parte fluida do sangue e pode ser recolhido após a formação de um coágulo sanguíneo. É diferente do plasma, que também é a parte fluida do sangue e pode ser recolhido do sangue não coagulado. A coagulação retém a massa de células sanguíneas. Para uma preparação imediata, é prescrita a centrifugação a uma velocidade inferior.

** O soro ou o plasma devem ser colhidos pelo menos 2 horas após a ingestão de alimentos. Se forem colhidos mais cedo, é provável que o Chile esteja presente, caso em que o soro não será satisfatório para o teste.*

O soro e o plasma são constituídos por anticorpos na resposta a agentes infecciosos. As imunoglobulinas são ricas no soro durante a infeção ou após a imunização. O soro de um indivíduo com suspeita de infeção precoce tem uma quantidade significativa de anticorpos da classe IgM e, durante as infecções tardias (4-5 semanas), os anticorpos da classe IgG predominam no soro. Durante as infecções respiratórias ou intestinais, o soro tem uma grande quantidade de anticorpos da classe IgA. Os anticorpos IgE predominam no soro de indivíduos que são susceptíveis a reacções de hipersensibilidade anafilácticas.

Com base na presença de anticorpos no soro ou no plasma, podem ser identificadas as doenças infecciosas adequadas. Isto é feito através da reação antigénio-anticorpo (aglutinação ou precipitação). A amostra de soro que contém anticorpos e que é misturada com um antigénio disponível no mercado, resultando numa reação antigénio-anticorpo, indica a presença de uma doença suspeita.

Materiais

Seringa esterilizada, agulha, tubo de centrifugação, centrifugadora, pipeta de Pasteur esterilizada, frascos esterilizados, algodão, solução de Alsever *(ver apêndice)*, desinfectantes, etc.

Método

Preparação do soro

1. Colher o sangue e transferi-lo para os tubos de centrifugação.
2. O tubo é mantido numa posição inclinada à temperatura ambiente durante 10 minutos, para que ocorra a formação de coágulos sanguíneos.
3. Em seguida, o tubo de centrifugação que contém o coágulo de sangue é sujeito a centrifugação durante 10 minutos a 3000 rpm.
4. O sobrenadante contém soro (fluido de cor amarelo-palha) e os glóbulos vermelhos assentam no fundo do tubo de centrifugação.

5. Transferir cuidadosamente o soro livre de células para um recipiente limpo.
6. Conservar a 4^0 C até à sua utilização nos ensaios.

Preparação do plasma

1. Colher o sangue e transferi-lo para os tubos de centrifugação.
2. O tubo é adicionado com igual quantidade de solução de Alsever e misturado cuidadosamente para evitar a formação de coágulos. Em seguida, o tubo é sujeito a centrifugação durante 10 minutos a 1500 rpm
3. O sobrenadante contém plasma (fluido de cor amarela pálida) e os glóbulos vermelhos estão depositados no fundo do tubo de centrifugação.
4. Transferir cuidadosamente o plasma sem células para um recipiente limpo.
5. Manter a unidade 4 em° C até à sua utilização no ensaio.

Interpretação

O soro apresenta uma cor amarelo-palha, enquanto o plasma é amarelo-palha claro.

EXERCÍCIOS

1. **Qual é a utilização do soro?** Espécime clínico para diagnóstico, obtenção de anti-soros.
2. **Qual é a utilização do plasma?** Amostra clínica para diagnóstico, para o teste da coagulase no diagnóstico de *Staphylococcus aureus* e para o diagnóstico de tripanossomas.
3. **O que é a camada leitosa?** A camada leitosa é a fração de uma amostra de sangue anticoagulado que contém a maior parte dos glóbulos brancos e das plaquetas após a centrifugação do sangue em gradiente de densidade. É utilizada para detetar a infeção por malária ou outros parasitas do sangue.
4. **Quais são os conservantes químicos do soro?** Azida de sódio, Mertiolato de sódio.
5. **Como é que se conserva o soro?** Liofilização (liofilização).
6. **Porque é que o plasma não é recomendado para o diagnóstico da doença na maioria dos casos?** O plasma é preparado com um anticoagulante, que pode desnaturar o anticorpo.
7. **Que classe de anticorpos é sintetizada principalmente quando uma pessoa é infetada por uma infeção bacteriana?** IgM
8. **Qual é a classe de anticorpos que se encontra abundantemente no soro?** IgG
9. **Que classe de anticorpos se encontra nas pessoas alérgicas?** IgE
10. **Que classe de anticorpos se encontra em indivíduos infectados por parasitas?** IgE
11. **Qual é a classe de anticorpos que desempenha um papel na aglutinação?** IgM
12. **Que classe de anticorpos desempenha um papel nas reacções de precipitação?** IgG

13. **Refira alguns dos anticoagulantes mais utilizados.** EDTA, citrato de sódio, heparina.

14. **Como eliminar os resíduos de soro, plasma e sangue?** Utilizando uma solução de hipoclorito a 40%.

15. **Qual é o objetivo da utilização da solução de Alsever?** Contém EDTA e açúcar (glucose), o primeiro previne a coagulação e o segundo proporciona equilíbrio osmático às células.

8. CONCENTRAÇÃO DE IMUNOGLOBULINA

Objetivo

Concentração da imunoglobulina no soro a utilizar no procedimento imunológico.

Princípio

As moléculas de anticorpos específicos presentes no soro e noutros fluidos corporais que reagem com o respetivo antigénio são conhecidas como imunoglobulinas (Ig). Estas moléculas são bastante diversas, não só na sua função, mas também na sua estrutura, tendo sido classificadas em classes e subclasses com base nas suas características físicas, químicas e antigénicas.

A concentração de anticorpos específicos na maioria dos anti-soros, contra um determinado antigénio, é de cerca de 0,1 a 1,5% da sua concentração proteica total. Apesar disso, os anti-soros têm sido utilizados sem purificação e concentração num grande número de técnicas imunológicas, de forma bastante correcta e conveniente. Mas há situações em que é desejável trabalhar com anticorpos comparativamente enriquecidos ou totalmente puros. Algumas destas situações, a título de exemplo, são: a) Ensaios de imunoabsorção enzimática (ELISA); b) Técnicas imunofluorescentes e imunoenzimáticas; c) Utilização de uma determinada classe de anticorpos; d) Utilização de imunoglobulinas como antigénio; e e) Utilização de uma preparação de anticorpos enriquecida para minimizar a reação inespecífica.

A precipitação com sulfato de amónio, a cromatografia de permuta iónica, a cromatografia de filtração em gel e a cromatografia de afinidade são algumas das técnicas geralmente utilizadas para a purificação e concentração de imunoglobulinas.

Precipitação com sulfato de amónio

Diferentes proteínas podem ser gradualmente salgadas das suas soluções aquosas, utilizando sais altamente solúveis que, após ionização, se associam fortemente às moléculas de água. À medida que a concentração de sais na solução proteica aumenta, a partir de um certo nível, os sais começam a competir com as proteínas pelas moléculas de água necessárias para a sua salvação. Isto leva à precipitação gradual das proteínas com base nas suas necessidades de moléculas de água para se manterem em solução.
As imunoglobulinas podem ser precipitadas quantitativamente a partir de soros a 35 a 40% de saturação com sulfato de amónio. Esta técnica é útil para obter uma preparação enriquecida de imunoglobulina concentrada a partir de preparações diluídas.

Materiais

Soro, sulfato de amónio (770g/litro de água), tubos de centrifugação, centrifugadora, cloreto de sódio 0,15 M, saco de diálise, etc.

Método

1. Faz-se uma solução saturada de sulfato de amónio (770g/litro de água) dissolvendo-a em água destilada quente e arrefecendo-a até à temperatura ambiente. O pH do sobrenadante límpido é ajustado a 7,0 com solução de amónio e armazenado na presença de cristais de sulfato de amónio.
2. Para a precipitação, adicionam-se gradualmente 40 ml de solução saturada de sulfato de amónio a 60 ml de soro, sob agitação constante à temperatura ambiente.
3. A suspensão resultante é deixada em repouso durante 30 minutos com agitação ocasional e o precipitado é recolhido por centrifugação a 2000x g durante 20 a 30 minutos.
4. O precipitado é então dissolvido em 30 ml de água destilada e precipitado de novo por adição gradual de 20 ml de solução saturada de sulfato de amónio, repetindo-se a etapa n.º 3.
5. O precipitado é dissolvido em 15 a 20 ml de cloreto de sódio 0,15 M e transferido para um saco de diálise.
6. O saco de diálise que contém a imunoglobulina concentrada é dialisado contra várias mudanças de água destilada até se conseguir a remoção completa do sulfato de amónio da precipitação.
7. Estimar o teor proteico da preparação e verificar a especificidade da imunoglobulina.

EXERCÍCIO

1. Para que serve a imunoglobulina concentrada?

Diagnóstico, imunização e conceção de kits de diagnóstico.

9. PREPARAÇÃO DO ANTIGÉNIO BACTERIANO

Objetivo

Preparação de antigénios bacterianos para efeitos de testes serológicos e de tipagem.

Antigénios

As substâncias que, quando administradas a seres humanos ou animais, provocam uma resposta imunológica específica para o material são um antigénio. Geralmente, a resposta imunológica resulta na produção de anticorpos ou na alteração das actividades celulares.

Preparação de antigénios de bactérias Gram negativas

Os antigénios dos organismos entéricos gram-negativos consistem em antigénio somático ou "O", antigénios flagelares ou "H" e antigénio capsular ou "K". O antigénio "O" é mais resistente aos agentes químicos e físicos e, por conseguinte, é relativamente simples de isolar do antigénio "H". O antigénio somático está presente tanto em bacilos móveis como em bacilos não móveis. Trata-se de complexos de lipoproteínas, polissacáridos e lípidos. Os antigénios "H" encontram-se apenas em bactérias móveis. Os antigénios "H" são destruídos por aquecimento a 100° C ou por tratamento com álcool ou ácidos diluídos. Os antigénios "H" não são facilmente preparados em forma pura e é prática comum rotular as preparações que contêm flagelos como antigénio "H", tendo em conta que os antigénios "O" também estão presentes e intactos, embora por vezes estejam mascarados na preparação.

Na prática, existem vários métodos descritos para a preparação de antigénios solúveis puros, que visam a extração de antigénios do quadro estrutural das bactérias. No entanto, para criar antissoro a utilizar em testes serológicos, a preparação de antigénios bacterianos necessária é aquela em que os antigénios "H" e "O" estão no seu estado nativo, de acordo com a sua localização na bactéria, mas apenas um antigénio ("H" ou "O") está exposto na superfície da bactéria. Isto faz com que a bactéria seja aglutinável por soros anti-H ou anti-O.

Métodos

Antigénio bacteriano "O" aglutinável

1. Selecionar uma colónia lisa de Salmonella da placa de ágar-sangue e fazer uma subcultura em ágar nutriente para cobrir completamente a superfície do ágar. Incubar a 37° C durante 24 h.
2. Colher as bactérias da superfície do ágar nutriente com uma quantidade mínima (4-5 ml) de solução salina normal estéril. O crescimento bacteriano pode ser separado da superfície do ágar com uma vareta de vidro ou com uma ansa de platina.
3. Verter a suspensão de bactérias para um tubo esterilizado com tampa de rosca, adicionar algumas esferas de vidro esterilizadas e agitar para quebrar.
4. Adicionar à suspensão bacteriana cerca de 20 vezes o volume de álcool absoluto e aquecer a

40-50 oc durante 30 minutos.

5. Colocar a suspensão bacteriana num banho de água a ferver durante 2 ½ h.
6. Centrifugar a suspensão a 1400Xg durante 30 minutos. Deite fora o sobrenadante. Ressuspender as bactérias em solução salina formalizada a 0,3%.
7. Verificar a esterilidade da suspensão bacteriana inoculando um tubo de caldo de tioglicolato. Incubar durante 48 h a 37 °C e verificar o crescimento
8. Ajustar a concentração da suspensão bacteriana ao valor desejado por nefelometria.

H" Antigénio bacteriano aglutinável

1. Inocular 500 ml de caldo nutritivo com 1 ml de uma cultura de 18 horas de bactérias ativamente móveis. Incubar durante 24 h a 37 oc.
2. Adicionar ao meio de cultura um volume igual de solução salina formalizada a 0,6%. Deixar repousar à temperatura ambiente durante três dias.
3. Verificar a esterilidade da suspensão bacteriana inoculando um tubo de caldo de tioglicolato. Incubar durante 48 horas a 37 °C e examinar o crescimento.
4. Centrifugar a suspensão a 1400xg durante 30 minutos. Eliminar o sobrenadante. Ressuspender as bactérias em solução salina formalizada a 0,3%.
5. Ajustar a concentração da suspensão bacteriana ao valor desejado por nefelometria.

EXERCÍCIOS

1. **Importância do Ag bacteriano?** Para efeitos de serotipagem e de testes de diagnóstico.
2. **Distinguir entre O, H, K Ag?** O- Ag somático, H-flagelar Ag, K- Ag capsular.

10. TESTE DE LARGURA

Objetivo

Detetar a presença de anticorpos contra o antigénio O, H, A (H), B (H) de espécies de *Salmonella* para o diagnóstico da febre tifoide.

Princípio

A febre tifoide é uma febre entérica causada por várias espécies de Salmonella, como a *Salmonella enterica* serovar Typhi, *a Salmonella enterica* serovar Paratyphi A e *a Salmonella enterica* serovar Paratyphi B. A doença é caracterizada por febre alta constante, dores de cabeça fortes, náuseas, anorexia e obstipação no início e, mais tarde, diarreia. Os seres humanos são o único reservatório da bactéria. A bactéria é geralmente transmitida pela água, moscas, alimentos, dedos, fezes e fómites.

Na febre entérica, a aglutinação específica é normalmente detetável no sangue do doente após 6 dias de febre. O soro de indivíduos vacinados com TAB *(Salmonella typhi, Salmonella Paratyphi A, Salmonella Paratyphi* B) também pode apresentar um título moderadamente elevado de todas as aglutininas três-H. Os antigénios utilizados neste teste são suspensões lisas de bacilos mortos, que foram coradas para facilitar a leitura da aglutinação. Os anticorpos presentes no soro, produzidos em resposta à exposição a espécies de *Salmonella*, aglutinarão suspensões bacterianas, que transportam antigénios homólogos.

Materiais

Amostra de soro, kit WIDAL, lâmina de vidro, desinfectantes, tubos WIDAL, folha de alumínio, pipetas, incubadora, etc.

Método

I. Ensaio qualitativo em lâmina

1. Limpar a lâmina de vidro e limpá-la de água e colocar uma gota de soro em 4 círculos (5th e 6th círculo é colocado com soro de controlo).
2. Colocar uma gota de antigénio O, H, A (H), B (H) nos círculos 1,2,3, e 4 respetivamente e 5th e 6th círculo é utilizado para o antigénio O e H.
3. Misturar o conteúdo de cada círculo com um bastão aplicador separado e espalhar para preencher toda a área do círculo individual.
4. Agitar a lâmina durante um minuto e observar a aglutinação.

II. Teste quantitativo em tubo

1. Para cada soro em análise, utilizar um conjunto de 8 tubos de ensaio de 10x75 mm, limpos e secos.
2. Diluir a amostra de soro e efetuar o teste do seguinte modo:

3. Colocar 1,9 ml de soro fisiológico no primeiro tubo e nos restantes 7 tubos adicionar 1 ml de soro fisiológico.

4. Adicionar 0,1 ml de soro ao tubo 1st e misturar bem. Em seguida, retirar cerca de 1 ml de soro diluído do primeiro tubo e transferir para o tubo 2nd . Da mesma forma, transferir 1 ml de amostra de soro diluído para os tubos seguintes até ao tubo 7th .

5. A diluição obtida é de 1:20, 1:40, 1:80, 1:160, 1:320, 1:640 e 1:1280, respetivamente, a partir do tubo 1st para 7th .

6. A partir da amostra de soro diluído, adicionar 1 ml a 7 conjuntos de tubos e adicionar uma gota de antigénio adequado, que mostrou aglutinação no teste de lâmina de rastreio.

7. O tubo 8th é adicionado com 1 ml de solução salina e o antigénio adequado e mantido como controlo.

8. Misturar bem e incubar a 37° C durante 16h para verificar a aglutinação.

9. O título de anticorpos é a diluição mais elevada do soro que apresenta uma aglutinação nítida (Fig. 3).

Interpretação

O antigénio "O" apresenta uma aglutinação granular, enquanto os antigénios H apresentam um aspeto flocular caraterístico. Nas reacções negativas e no controlo com soro fisiológico, o aspeto da suspensão permanece inalterado, com um pequeno botão de depósito no fundo do tubo que mostra um redemoinho típico quando o tubo é agitado. Um título de aglutinação superior a 1:80 é considerado significativo e geralmente sugestivo de infeção, ao passo que um título baixo é encontrado em indivíduos normais com vacinação contra o TAB.

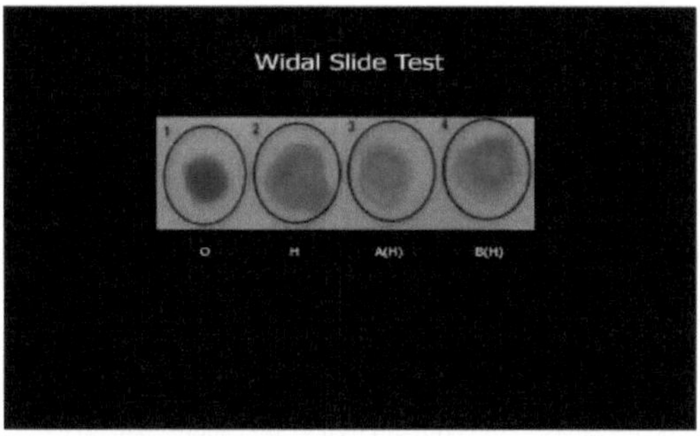

Fig. 3 Ensaio de deslizamento de água

EXERCÍCIOS

10. **Agente causador da febre tifoide?** *Salmonella enterica* serovar Typhi.

11. **Agente causador da paratifoide?** *Salmonella enterica* serovar Paratyphi A, B, C.

12. **Quais são os sintomas da febre tifoide?** Falta de apetite, dores abdominais, dores de cabeça, dores

generalizadas; febre, muitas vezes até 104° F, letargia (normalmente só se não for tratada), hemorragia intestinal ou perfuração (após duas a três semanas de doença), diarreia ou obstipação.

13. **Como é que a febre tifoide se propaga?** Através da água contaminada, dos alimentos, etc.

14. **Qual é a origem da febre tifoide?** Portadores ou doentes assintomáticos de febre tifoide

15. **Como prevenir a febre tifoide?** Práticas gerais de higiene, abastecimento de água protegido, alimentação e eliminação adequada das fezes.

16. **Quais são as vacinas contra a febre tifoide?** Vacina TAB (células inteiras), vacina polissacárida Vi, vacina combinada polissacárida contra a hepatite A/Vi e vacina oral Ty21a.

11. TESTE DE AGLUTINAÇÃO DO LÁTEX

Objetivo

Efetuar o teste de aglutinação do látex.

Princípio

Este teste depende da propriedade das esferas de látex revestidas com antigénio de se aglutinarem na presença dos anticorpos correspondentes. Este teste demonstrou ser um teste simples, fiável e rápido.

Materiais

Antigénio *de Pasteurella multocida*, soro padrão positivo, soro padrão negativo, soro de teste, tubos de centrifugação, lâminas microscópicas, esferas de látex, centrifugadora, solução salina normal, tampão glicina-salina 0,27M (pH 8,2), tampão glicina-salina 0,054M (pH 8,2), centrifugadora, micropipetas, etc.

Método

I Revestimento de látex

1. Lavar 800 µl de suspensão de látex duas vezes, adicionando 40 ml de tampões 0,054M de glicina-salina. Misturar e centrifugar a 12.500xg durante 15 min.
2. Ressuspender o látex em 20 ml de tampão salino de glicina 0,054M e adicionar 300 µl de uma solução de antigénio de 10 mg por 0,1 ml.
3. Misturar a suspensão durante 30 minutos à temperatura ambiente.
4. Lavar o látex duas vezes, adicionando 40 ml de tampão glicina-salina 0,054M. Misturar e centrifugar a 12.500xg durante 15 min.
5. Ressuspender o látex em 20 ml de glicina-salina 0,27M contendo 0,1% de albumina de soro bovino para bloquear quaisquer sítios de ligação proteica remanescentes. Armazenar a 4° C.

II Aglutinação em lâminas

1. Preparar diluições duplas do teste/antissoro
2. Misturar 25 µl de cada diluição de soro com 25µl de esferas de látex revestidas numa lâmina de vidro.
3. Agitar suavemente durante 2 minutos e ler a aglutinação iluminando visualmente a lâmina a partir da lâmina, contra um fundo escuro.
4.

Interpretação

A aglutinação positiva é indicada por aglomerados visíveis de látex aglutinado.

EXERCÍCIOS

1. **Qual é o significado do teste de aglutinação em látex?** Ao ligar antigénios solúveis à superfície de partículas transportadoras, é possível converter o teste de precipitação em teste de aglutinação. Desta forma, é mais fácil identificar a doença específica.
2. **Quais são as partículas de transporte utilizadas?** As partículas de transporte habitualmente utilizadas são os eritrócitos, as partículas de látex ou a bentonite. Os eritrócitos humanos ou de ovinos absorvem uma variedade de antigénios. Os antigénios polissacáridos podem ser adsorvidos por mistura com os eritrócitos. Para a adsorção de antigénios proteicos, podem ser utilizadas células curtidas.
3. **Quais são as fontes de *P.*** *multocidal* A bactéria pode ser encontrada em aves, gatos, cães, coelhos, bovinos e suínos.
4. **Quais são as doenças causadas pela *P. multocida*?** Cólera aviária nas aves de capoeira, cólera aviária, rinite atrófica nos suínos, feno no coelho e celulite, linfadenopatia, bacteriémia, osteomielite ou endocardite, meningite nos seres humanos.

12. MANUSEAMENTO DE ANIMAIS DE LABORATÓRIO

Objetivo

Aprender a lidar com animais de laboratório para realizar experiências como protocolos de imunização e testes *in vivo*.

Princípio

O manuseamento é muito importante no caso dos animais de laboratório. Alguns animais ficam assustados e tentam morder ou arranhar, se não forem manuseados corretamente. O manipulador deve ser firme e estável, com confiança. Não deve haver qualquer hesitação, precipitação ou tremor quando se aproxima do animal. Qualquer movimento rápido pode assustar o animal. Uma manipulação suave evitará o stress nos animais, uma vez que o stress provoca variações bioquímicas e fisiológicas que podem mesmo alterar e afetar os resultados da experiência. Um animal que esteja confiante e relaxado com o seu tratador será mais cooperante. Os métodos de manipulação podem variar consoante as espécies. Apresentam-se sucintamente os métodos de manipulação de diferentes animais de laboratório.

Materiais

Animais, luvas, gaiolas para animais, alimentos para animais, desinfectantes, etc.

Método

1. Rato

O rato é normalmente rápido e, por isso, a nossa abordagem deve ser rápida e também decisiva. Primeiro, agarre a base da cauda com cuidado mas com firmeza e levante ligeiramente o rato para cima, de modo a que ambos os membros posteriores saiam do chão. A transferência do rato de uma gaiola para outra pode ser feita por este método. Para segurar o rato para exame, agarrar a nuca com a outra mão (principalmente a mão esquerda) entre o polegar e o indicador. Em seguida, segurar a cauda com o apoio do 4th e do 5th dedo e depois deixar a mão direita. Esta posição facilitará o exame de sexagem. O animal tem de ser colocado no chão em decúbito esternal enquanto se administra a injeção intravenosa nas veias da cauda. Manter a posição vertical também ajuda a administrar a injeção intravenosa.

2. Rato/Gerbo

Não se deve segurar a cauda durante muito tempo, pois os ratos ficam irritados e tentam morder. Imediatamente após a preensão da base da cauda, agarrar com a outra mão, colocando o segundo e o terceiro dedos de cada lado da mandíbula através do pescoço, enquanto o polegar e os 4th e 5th dedos agarram o peito. Os gerbos podem ser manuseados como ratos.

3. Hamster

Um hamster agitado tem tendência a morder, pelo que se deve ter o cuidado de pegar no animal com cuidado e firmeza. Os hamsters não têm uma cauda longa e, por conseguinte, agarram-se com um grande beliscão na nuca e depois viram-se para a mão, como os ratos. A palma da mão e os outros dedos podem apoiar o animal.

4. Porquinho-da-índia

As cobaias podem ser levantadas como ratos com uma mão no ombro e, em seguida, dar apoio ao corpo com a outra mão sob a extremidade caudal do animal. Em seguida, o animal pode ser virado para ser examinado, quer para sexagem quer para infeção intraperitoneal (Fig.4).

5. Coelho

Agarrar a nuca com o polegar e o terceiro dedo entre os lóbulos das orelhas. A outra mão é colocada por baixo dos membros posteriores e o coelho é levantado. O animal pode ser embalado na mão direita, em decúbito dorsal, com o apoio da perna do tratador. Isto pode facilitar o exame para sexagem (Fig. 4).

6. Cão

Ao aproximar-se de um cão desconhecido, comece por oferecer as costas da mão como um gesto de amigo para cheirar. Em seguida, agarrar a trela, a coleira ou a nuca se o animal aceitar a pessoa. Se o cão for feroz, é preferível imobilizá-lo com um açaime feito de fita adesiva, tecido ou plástico.

7. Macaco

Os primatas albergam muitos agentes patogénicos potenciais que causam doenças nos seres humanos, pelo que o seu manuseamento requer o máximo cuidado. É preferível usar vestuário de proteção, como gorro, gorro, máscara, botas e luvas. No entanto, os primatas devem ser sedados antes da manipulação. É necessária uma caixa com rede, esmagar atrás ou empurrar à frente. O animal é empurrado contra a parede anterior ou posterior da gaiola e, em seguida, é administrada qualquer medicação parentérica ou tranquilizante. Os macacos sedados podem ser agarrados pelos braços, mantendo o animal horizontalmente atrás dos ombros.

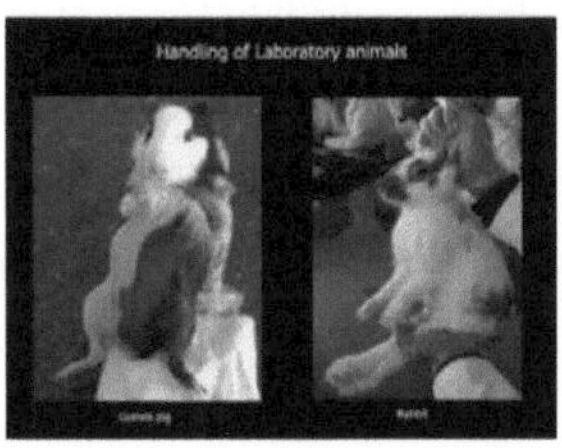

Fig. 4 Manuseamento de animais de laboratório

EXERCÍCIO

1. **Utilização /propósito/significado dos animais de laboratório?** Para realizar reacções *in vivo*, teste de virulência, teste de toxicidade, teste de pirogénio, modelo de doença, etc.
2. **Que modelo animal deve ser escolhido?** Pode variar consoante o estudo.

13. VIAS DE INOCULAÇÃO EM ANIMAIS DE LABORATÓRIO

Objetivo

Aprender como o antigénio pode ser administrado no animal através de uma variedade de vias.

Princípio

As vias de inoculação têm de ser seleccionadas para o objetivo do estudo. Os fármacos / qualquer inóculo administrado serão absorvidos pelo organismo a diferentes velocidades, dependendo (i) da biodisponibilidade da substância: Se houver mais procura, a absorção é mais rápida. (ii) O tamanho das substâncias inoculadas - as partículas mais pequenas serão mais facilmente absorvidas do que as partículas maiores. (iii) A viscosidade e a degradabilidade de um inóculo são importantes na seleção da via. (iv) O volume do inóculo a ser administrado também determina a via de inoculação. (v) A acessibilidade à corrente sanguínea é mais importante na absorção do inóculo.

Os medicamentos administrados por via intravenosa atingem rapidamente uma concentração elevada, mas a sua degradação biológica é mais rápida devido a vários factores celulares e enzimáticos presentes no sistema. O tecido muscular é administrado com um fornecimento de sangue suficiente e o inóculo é rapidamente absorvido, mas mais lentamente do que a via intravenosa. Para obter resultados rápidos, é preferível a via intravenosa ou intramuscular. A via intra-peritoneal pode ser preferida para induzir a imunidade mediada por células com uma quantidade elevada de inóculo.

Se a substância estiver disponível em pequena quantidade, é necessário um adjuvante para efetuar estudos imunológicos. A área subcutânea da pele tem relativamente menos irrigação sanguínea e, por conseguinte, estas vias podem ser consideradas quando a substância está disponível em pequena quantidade. Estes locais requerem inoculações múltiplas em locais diferentes para obter uma taxa elevada de resposta imunitária.

O volume da substância a administrar deve ser suficiente de acordo com o tamanho do animal. Um volume maior pode ser letal para o animal num estudo toxicológico ou terapêutico. No estudo imunológico, uma dose grande tende a produzir imunoparalisia. É igualmente importante regular a taxa de fluxo do inóculo.

A administração deve ser lenta e tolerável pelo animal. O fluxo rápido por via intravenosa chega a sufocar o animal, provocando a sua morte.

Materiais

Animais de laboratório, seringa, antigénio, adjuvante, gaiola para animais, etc.

Método

São vários os métodos seguidos, nomeadamente

1. Injeção intravenosa

Pode ser administrada através das veias laterais da cauda dos ratinhos e ratos; as veias cefálicas são utilizadas nos primatas e cães. As veias auriculares são utilizadas nos coelhos. A veia jugular é a escolha para os ruminantes e cavalos.

2. ***Injeção intramuscular***

É normalmente administrada quando existe uma grande musculatura disponível. Normalmente, os músculos da coxa e dos glúteos são utilizados em todos os animais, mas nos animais de grande porte, como os cavalos, são utilizados os músculos do pescoço. A injeção é dolorosa, pelo que é necessária uma massagem para dispersar o inóculo.

3. ***Injeção subcutânea***

As substâncias administradas por via subcutânea situam-se entre a pele e a musculatura. Para a inoculação, é necessário levantar a pele com a mão e inocular logo abaixo da pele. Qualquer área da pele pode ser selecionada para este fim,

No entanto, o lado do pescoço do cavalo é considerado. As zonas abdominal e torácica também podem ser utilizadas em ovinos e caprinos. Nos coelhos, a pele dorsal é escolhida para a injeção subcutânea (Fig.5).

4. ***Injeção intradérmica***

Raspa-se bem a zona do ombro ou do abdómen e limpa-se com álcool. A prega cutânea é levantada entre o polegar e o indicador e inoculada entre as duas camadas da pele. Ao pressionar o inóculo, verifica-se uma resistência. Isto indica que o inóculo está a ser administrado por via intradérmica. O inóculo passa mais depressa se a agulha entrar no espaço subcutâneo.

5. ***Injeção intraperitoneal***

O coração, o estômago, o intestino, a bexiga, o fígado, etc., estão descidos no seu assoalho abdominal. O fígado é palpável do lado direito. Por conseguinte, os pequenos animais de laboratório podem ser mantidos ligeiramente inclinados com a cabeça para baixo, de modo a que os órgãos abdominais desçam em direção ao diafragma e não haja espaço perto dos membros posteriores. O inóculo pode ser introduzido na cavidade abdominal perto do membro posterior esquerdo. O inóculo passará sem qualquer resistência se a ponta da agulha estiver dentro da cavidade abdominal.

6. ***Administração oral***

O inóculo pode ser administrado diretamente na boca ou misturado com comida ou água em animais de grande porte. Mas em animais pequenos, como os roedores, pode ser utilizada uma incubação ou lavagem gástrica feita com um cateter ou um tubo de aço inoxidável para inocular as substâncias.

7. ***Vias intra-oculares/nasais***

Os ratos, furões e pintos são normalmente utilizados para este tipo de inoculação. O animal é anestesiado, é segurado mantendo a cabeça levantada, a extremidade da agulha (23 G com ponta romba) é levada às narinas/olhos e o inóculo necessário é gotejado lentamente.

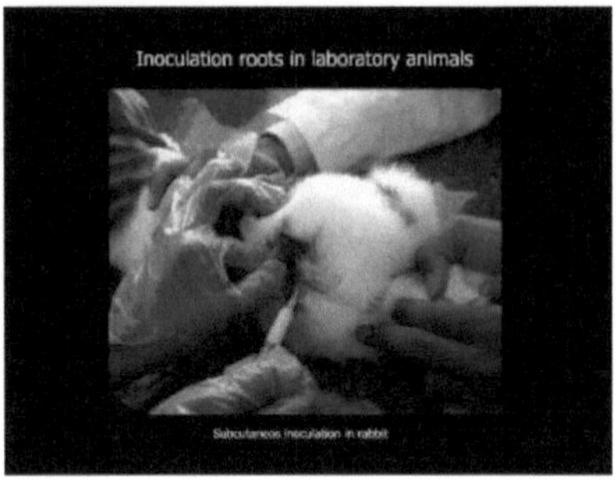

Fig. 5 Inoculação subcutânea em coelho

EXERCÍCIOS

1. **Quais são as diferentes vias de administração em diferentes animais?** Subcutânea, intra-muscular, peritoneal, almofada da pata, intravenosa, veia caudal, veia jugular, membrana da asa, etc.
2. **Que tipos de preparações não devem ser administradas por via intravenosa?** As preparações que contêm adjuvantes.

14. CRIAÇÃO DE ANTI-SOROS

Objetivo

Criar anti-soros nos animais de laboratório.

Princípio

Escolha do animal

Os animais geralmente utilizados para a produção de anticorpos são os coelhos, as ovelhas, as cabras e os burros, sendo os coelhos os mais comuns devido à simplicidade e ao baixo custo da sua manutenção. Devido à complexidade e aos custos do alojamento de grandes animais experimentais, estes são geralmente utilizados apenas para a produção de anticorpos secundários. (por exemplo, IgG de ovelha anti-rato) que podem ser utilizados para uma variedade de analitos.

Sexo e idade do animal

O sexo do animal é irrelevante, exceto no caso de animais que partilham gaiolas, normalmente ratos. Os ratos machos são mais agressivos e tendem a ferir-se uns aos outros, o que pode levar a infecções oportunistas que desviam a resposta imunitária. Os animais mais velhos têm, geralmente, uma resposta mais fraca aos antigénios injectados porque o seu sistema imunitário já foi envolvido por tantos outros antigénios ambientais que a sua capacidade de resposta a novos antigénios é limitada. Por conseguinte, no caso dos coelhos, é preferível começar com animais saudáveis com menos de 6 meses de idade e, no caso dos ratinhos, começar com fêmeas ou machos em gaiolas individuais com menos de 3 meses de idade.

Quantidade de antigénio

O sistema imunitário não responde numa base quantitativa. Se o antigénio for estranho, uma pequena quantidade terá o efeito desejado. Quantidades maiores de antigénio não dão uma resposta melhor. Geralmente, cerca de 40μg de proteína são suficientes, e 400 ou 4000μg não melhoram os resultados. As grandes quantidades são muitas vezes prejudiciais para a resposta, uma vez que pequenas quantidades de material antigénico contaminante podem desviar a resposta imunitária do animal.

Adjuvantes

O objetivo do adjuvante é retardar a libertação do antigénio no organismo, maximizando assim a resposta imunitária. O adjuvante mais conhecido é o adjuvante completo de Freund (FCA), uma suspensão de micobactérias mortas *(M. tuberculosis* -0,5mg/ml) em 9 partes de parafina líquida leve com uma parte de arlacel, quer em peso quer em volume. O Adjuvante Incompleto de Freund (IFA) é óleo mineral sem as micobactérias mortas. Atualmente, o IFA sozinho é utilizado com sucesso, uma vez que a emulsão de óleo mineral proporciona a libertação lenta necessária e as micobactérias no CFA podem desviar a resposta imunitária.

Preparação da emulsão

(i) **Método da agulha dupla com cubo**: Neste método, duas agulhas de calibre 18G são soldadas entre si na sua extremidade pontiaguda. Deve ser verificada qualquer obstrução ou fuga. Ambos os cubos são ligados a seringas. Uma das seringas é cheia com metade do volume de FIA ou FCA e a outra com igual volume de solução de antigénio. Evita-se o espaço de ar. Em seguida, a solução de antigénio é introduzida no óleo e a mistura é empurrada para trás. De igual modo, a mistura é empurrada para trás e para a frente até se obter a emulsão.

(ii) **Agitação em vórtice**: Hoje em dia, muitos laboratórios misturam os dois, sendo o antigénio em solução aquosa adicionado em pequenas alíquotas (10 μl) ao FIA com repetidas agitações em vórtex. A emulsão final deve ser espessa e cremosa e não deve separar-se depois de repousar durante algumas horas.

Materiais

Antigénios (Solúveis: 1% de albumina de soro bovino em PBS, pH 7,2; Particulados: 1% de eritrócitos de ovelha, lavados e suspensos em PBS, pH 7,2), adjuvante completo de Freund (FCA) e adjuvante incompleto (FIA), heparina ou solução de Alsever, pentobarbital sódico ou clorofórmio, azida sódica ou mertiolato, esfregaços de espírito, tubos de ensaio, seringas de 1 ml, 10 ml com agulhas de 23 G, frascos de armazenamento de soro, alimentos para animais, coelhos (em número de dois), centrifugadora, etc.

Método

A. Para o antigénio solúvel

1. Preparar o antigénio solúvel (1% BSA) em FCA para a primeira inoculação e em FIA para as injecções de reforço (*Deve-se misturar igual volume de Ag e Adjuvante).
2. Inocular 1,0 ml da emulsão água-em-óleo de BSA em FCA em cada
3. coelho por via subcutânea e intramuscular em vários locais, utilizando uma seringa com agulha de 23 G.
4. Efetuar o teste de sangria (5 ml de sangue de cada coelho) após 2 semanas de imunização. Deixar o sangue coagular para separar o soro *(consultar a experiência n.º 7)*.
5. Separar o soro e detetar nele a presença de anticorpos anti-BSA por imunoeletroforese em contracorrente ou qualquer outro teste adequado.
6. Esperar pelo menos 4 semanas antes da próxima inoculação, ou seja, da primeira imunização de reforço.
7. Injetar 1,0 ml de uma emulsão água-em-óleo de BSA em FIA em cada coelho por via subcutânea e intramuscular em vários locais, utilizando uma seringa com agulha de 23 G.

8. Testar a hemorragia e detetar a produção de anticorpos como na etapa 5.
9. Repetir o passo 7 para a segunda injeção de reforço após 4-6 semanas da primeira injeção de reforço.
10. Se forem produzidas quantidades detectáveis de anticorpos na segunda hemorragia de ensaio, proceder à hemorragia total dos animais no 10.oth dia após o 2.ond reforço. Anestesiar os coelhos por inalação de clorofórmio ou pentobarbital sódico e sangrá-los completamente por punção cardíaca, utilizando uma agulha de 20 G numa seringa de 50 ml.
11. Colher o sangue em dois frascos cónicos de 500 ml, deixar coagular durante cerca de 1 hora à temperatura ambiente, partir o coágulo em pedaços mais pequenos, manter os frascos no frigorífico para retração dos coágulos e separar o soro no dia seguinte. Se os animais ainda não tiverem produzido anticorpos, é mais sensato descartá-los e utilizar outros animais.
12. Recolher o soro, processá-lo para preservação, transferir uma alíquota para frascos de armazenamento e armazená-lo em condições adequadas.

B. Para antigénios particulados

1. Preparar uma suspensão de 1% de eritrócitos de carneiro em PBS, pH7,2.
2. Administrar 4 injecções semanais de 1,0 ml da suspensão celular em cada um dos dois coelhos por via intravenosa, lentamente na veia auricular, utilizando uma agulha 27G numa seringa hipodérmica de 2 ml.
3. Deixar repousar durante 3-4 semanas e repetir a etapa 2.
4. Recolher o antissoro 7 dias após a última injeção.

Nota:

- *As suspensões bacterianas são também injectadas por via intraperitoneal, seguindo normalmente o esquema semanal acima descrito.*
- *O aumento da concentração é muitas vezes útil para obter níveis mais elevados de anticorpos.*

Diferentes vias de imunização em vários intervalos dão uma resposta Ab de melhor qualidade.

EXERCÍCIOS

1. **O que são adjuvantes?** Agentes que potenciam a resposta imunitária.
2. **Diferentes tipos de adjuvantes?** Freund's completo e incompleto, compostos de alúmen, saponinas, etc.
3. **Quais são os adjuvantes aprovados para uso humano e animal?** Hidróxido de alumínio.

15. COLHEITA DE SANGUE EM ANIMAIS DE LABORATÓRIO

Objetivo

Obter o sangue do animal através de diferentes métodos de sangria.

Princípio

O sangue pode ser colhido de animais imunizados e será útil para a deteção de anticorpos contra antigénios específicos, para a produção de anticorpos monoclonais e para o estudo dos seus componentes sanguíneos. O volume de sangue é normalmente proporcional ao peso corporal do animal. Para a colheita de soro hiper-imune, um animal deve ser sangrado apenas $1/10^{th}$ do volume de sangue com segurança, sem qualquer efeito prejudicial para o animal. Normalmente, a sangria é praticada através da punção de uma veia. Se a veia não for proeminente ou inacessível, é adoptada a punção cardíaca.

Materiais

Animal de laboratório, seringa, lâmina de barbear, álcool, algodão, luvas, tubos de centrifugação, etc,

Método

De ouvido

1. O coelho e a cobaia foram sangrados pela veia marginal da orelha.
2. A margem lateral da orelha foi guardada a seco e limpa com álcool a 70%.
3. A coagulação prematura foi evitada com uma fina camada de vaselina sobre a margem lateral da orelha. Aplicar água quente ou xileno sobre a veia marginal, de modo a que a veia fique dilatada.
4. Introduzir a seringa na veia e retirar o sangue ou cortar a veia marginal com uma lâmina de barbear e recolher o sangue no recipiente (Fig. 6).
5. A hemorragia foi estancada com algodão seco.

Retero orbitol

1. É um bom método se forem necessárias pequenas quantidades de sangue repetidamente com um intervalo de 1-2 semanas do animal imunizado.
2. Com a ajuda do polegar e do indicador, segura-se a nuca.
3. Envolveu-se uma prega de pele do dorso dos animais entre o polegar e a parte distal do animal
4. A construção de condutas venosas superficiais para o abaulamento do olho é necessária.
5. A tira foi deslizada sob o animal e uma ponta de capilar fino foi inserida suavemente no ângulo interno do olho.
6. A ponta foi deslizada sob o globo ocular num ângulo de 45° e sobre a cavidade óssea para romper o frágil capilar venoso do plexo de Vénus oftálmico.
7. A ponta do capilar foi ligeiramente retraída e o sangue foi recolhido no recipiente.

Punção Intra-Cardíaca

1. Colocar o animal em posição invertida numa mesa de dissecação. Seguram-se firmemente os membros anteriores e posteriores sobre o tórax, entre as costelas, para verificar o ritmo cardíaco do animal.
2. Limpar o peito do animal com álcool e rapar os pêlos, se necessário.
3. Introduzir a agulha entre as costelas do animal e retirar o sangue.

Veia braquial

1. Foram colhidos 5-10 ml de sangue da veia ramificada, que corre sobre a extremidade proximal do rádio isolado.
2. Os pêlos macios e finos foram arrancados para exposição e a veia foi limpa com álcool a 70%. Introduzir a agulha na veia e retirar o sangue.
3. A hemorragia foi estancada com algodão.

Veia Jugular

1. Os animais de grande porte, como cavalos, ovelhas e cabras, podem sangrar pelas veias jugulares externas,
2. As patas do animal foram atadas com a ajuda de uma corda.
3. Raspar o pelo no local da veia e limpar com álcool a 70%. O retorno venoso à veia foi bloqueado pressionando o sulco jugular com o polegar esquerdo até à veia distendida.
4. A agulha foi inserida ao longo do lúmen da veia, apontando para a cabeça
5. O sangue foi recolhido e a hemorragia foi estancada com algodão seco.

Asa de galinha - web

As aves são colocadas numa posição supina com a asa bem aberta. As penas são arrancadas para expor a veia. Introduzir a agulha (21 G) na veia e verificar a sua posição correcta retirando o êmbolo quando o sangue fluir na seringa.

Veia caudal

Os pequenos animais, como os ratinhos e as ratazanas, podem ser sangrados através da veia lateral da cauda. O acesso à veia lateral da cauda faz-se a cerca de um terço do comprimento da cauda, a partir da ponta da mesma. Deve ser utilizada uma técnica asséptica. Recomenda-se a utilização de anestésicos locais. O animal deve ser imobilizado. Introduz-se a agulha (21 G) e recolhe-se a quantidade de sangue necessária.

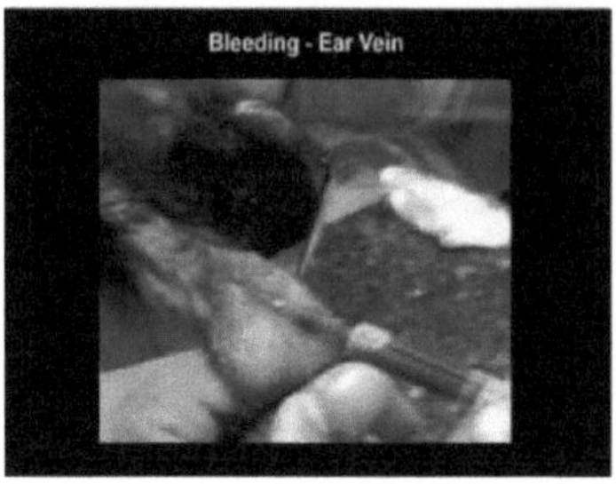

Fig.6 Veia auricular em coelho

EXERCÍCIOS

1. **Anticoagulante comum utilizado durante a colheita de sangue?** EDTA, citrato de sódio, heparina.
2. **Que quantidade de sangue (%) deve ser colhida em relação ao peso corporal do animal?** 5% do peso corporal do animal, exceto no caso dos cavalos, em que pode ser colhido 10% do peso corporal do sangue.

16. TESTE DE HEMAGLUTINAÇÃO

Objetivo

Demonstrar as unidades de hemaglutinação (HA) da amostra de vírus em causa.

Princípio

Muitos vírus são capazes de aglutinar os eritrócitos de uma ou mais espécies animais em determinadas condições de pH e temperatura, dando origem a uma rede viral de hemácias. Este fenómeno de hemaglutinação (HA), uma reação biológica, ocorre devido à presença de hemaglutinina no virião. Estes antigénios induzem anticorpos que se ligam especificamente a eles e inibem a hemaglutinação viral. O princípio da inibição da hemaglutinação é assim utilizado no diagnóstico serológico das infecções causadas pelos respectivos vírus.

O antigénio da hemaglutinina pode ser obtido a partir de fontes comerciais ou da extração do tween-80 (aumenta o título do antigénio HA) de certos vírus propagados em laboratório, como os vírus do sarampo e da papeira. No caso de qualquer uma das fontes, o título de HA terá de ser estabelecido.

Materiais

Vírus Lasoto, 1% de hemácias de pinto, soro fisiológico, placa de microtítulo (fundo em V), solução de Alsiever *(ver apêndice),* desinfectantes, etc.

Método

Titulação de HA

1. Efetuar diluições duplas em série da preparação de antigénio em 50µl de volume de PBS (o PBS utilizado para HA/HI não contém K^+ que provoca a aglutinação de espécies de hemácias.
2. Adicionar 50µl de PBS a cada poço da placa de microtítulo.
3. Adicionar 50 µl de antigénio ao primeiro poço, misturar três vezes e transferir 50 µl sucessivamente; descartar os últimos 50 µl (a diluição inicial aqui é 1:2).
4. Adicionar 50µl de 1% de hemácias lavadas a cada poço (utilizar PBS como diluente para fazer uma suspensão de 10% e depois de 1% de hemácias).
5. Preparar um controlo de células em duplicado. 50µl de PBS+ 50µl de 1% RBC- Não aglutinação deve ser observada.
6. Incubar a 37° C durante 1-2 h (até que as hemácias nos poços de controlo assentem num botão compacto).
7. O ponto final é a diluição mais elevada que partilha 50% de uma hemaglutinação maior. O título, que

é o recíproco do ponto final, representa 1 unidade de HA em 0,05 ml.

Interpretação

Multiplicar a diluição do ponto final para HA por 4, de modo a obter a diluição que contém 4 unidades de antigénio (4 unidades HA) (Fig.7). Esta é a dose padrão de antigénio para o teste HI. Por exemplo, se a diluição do ponto final for 1/160, 4 unidades de HA estarão contidas numa diluição 1/40, diluir a suspensão viral 1:40 para obter a dose de antigénio HI.

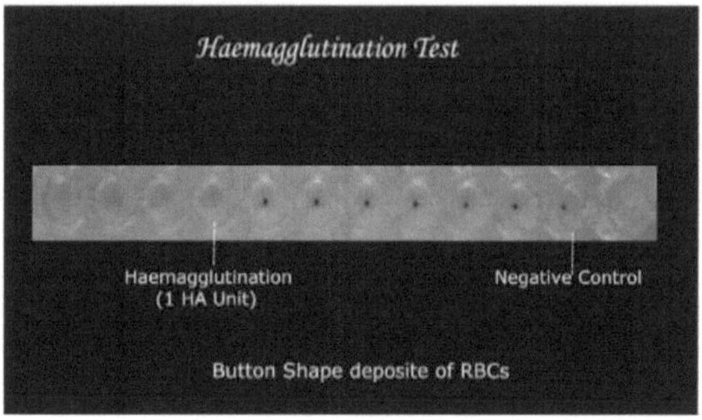

Fig. 7 Teste de hemaglutinação

EXERCÍCIOS

1. **Para que serve o teste de hemaglutinação?** Para detetar o título HA para a utilização deHI.
2. **Porque é que as hemácias de galinha ou as hemácias de outras espécies são preferidas para efetuar o teste de HA?**

   As famílias Ortho e Paramyxoviridae podem aglutinar as hemácias de pinto.
3. **O que é o título de HA?** A diluição mais elevada do vírus que dá 100% de HA.
4. **O que é eluição?** O processo de dissociação do vírus das hemácias é conhecido como eluição e deve-se à destruição dos receptores nas hemácias pela enzima neuraminidase.

17. TESTE DE INIBIÇÃO DA HEMAGLUTINAÇÃO

Objetivo

Para detetar/confirmar a presença de vírus.

Princípio

O princípio do teste de inibição da hemaglutinação consiste em medir, por diluição, o nível de anticorpo inibidor num soro que impedirá a aglutinação de eritrócitos susceptíveis por vírus capazes de se ligarem aos receptores eritrocitários. Por exemplo, o VDN, a rubéola, a papeira, os vírus da gripe, etc.

Materiais

Placa de microtitulação (fundo em V), micropipeta, micropontas, solução salina, 1% de hemácias de galinha, antigénio viral padrão da amostra de soro, etc.

Método

1. Adicionar 25µl de solução salina normal em todos os poços da primeira fila.
2. Adicionar 25µl de soro no primeiro poço e efetuar uma diluição seriada de duas vezes. Deitar fora 25µl da suspensão do último poço.
3. Adicionar 25µl de suspensão de vírus contendo 4 unidades HA a todos os alvéolos. Deixar em repouso durante 20 minutos.
4. Adicionar 25µl de 1% de hemácias de galinha a todos os poços e deixar em repouso durante 45 min.
5. Controlo de hemácias: - Adicionar 25µl de solução salina a um poço ao qual adicionar 25µl de hemácias de galinha a 1%.
6. Titulação de galinhas: - Adicionar 25µl de solução salina a 4 poços seguidos. Adicionar 25µl da suspensão do vírus 4HA ao primeiro alvéolo e efetuar uma diluição seriada de duas vezes.
7. Deitar fora 25µl da suspensão do quarto poço.
8. Adicionar 25µl de 1% de hemácias de galinha aos quatro poços. Deixar em repouso durante 20 minutos.
9. Os dois primeiros alvéolos mostram hemaglutinação se a suspensão viral preparada tiver 4 unidades HAA de vírus em cada 25µl.

Interpretação

O título HI do soro é o recíproco da diluição mais elevada que revela uma inibição de 100% da hemaglutinação.

10. **Indicar as doenças diagnosticadas pelo teste de inibição da hemaglutinação.** Doença de Raniket (galinha), gripe (humana).

11. **Qual é o objetivo da utilização da unidade 4HA?** A quantidade padrão de vírus deve ser utilizada no teste HI para a aglutinação de hemácias. Esta quantidade padrão de vírus é determinada pelo teste HA, pelo que, em vez de utilizar 1 unidade HA, são utilizadas 4 unidades HA para uma melhor aglutinação das hemácias. Nalguns laboratórios, utilizam-se até 8 HA.

18. HEMAGLUTINAÇÃO PASSIVA (INDIRECTA)

Objetivo

A sensibilidade e a simplicidade da reação de aglutinação podem ser alargadas ao antigénio solúvel através deste método

Princípio

Na hemaglutinação passiva, um antigénio solúvel é absorvido por partículas, como glóbulos vermelhos ou esferas de látex, e pode participar na reação de aglutinação. A hemaglutinação passiva é um teste muito sensível. Os glóbulos vermelhos de carneiro adquirem a propriedade de adsorver antigénios solúveis (como bactérias, vírus, etc.) depois de terem sido tratados com uma solução diluída de ácido tânico. Os glóbulos vermelhos revestidos de antigénio são aglutinados por anticorpos específicos contra o antigénio proteico adsorvido. Este teste é utilizado para identificar a presença de anticorpos numa amostra de teste contra um antigénio conhecido e quantificar o nível de anticorpos.

Materiais

Solução salina normal, sangue de carneiro em citrato de sódio a 5% como anticoagulante, ácido tânico, pipeta (10 ml, 1 ml), micro pipeta (50-200 µl), placas de microtítulo - fundo redondo.

Método

1. **Preparação dos eritrócitos:** Colher sangue de carneiro de forma asséptica, por punção jugular, para um frasco estéril contendo citrato de sódio a 5%. Centrifugar o sangue a 2000 rpm durante 5 minutos para separar os eritrócitos. Lavar os concentrados de células assim obtidos três vezes com 5-6 volumes de soro fisiológico.
2. **Curtimento de glóbulos vermelhos de carneiro:** Adicionar um volume igual de 2% de glóbulos vermelhos de carneiro a soluções de ácido tânico preparadas de fresco na proporção de 1:20.000. Incubar a mistura a 37° C durante 10 minutos e, em seguida, lavar as células com solução salina normal. Ressuspender as células em solução salina e preparar uma suspensão de células a 2%.
3. **Sensibilização de eritrócitos com antigénio:** sensibilizar eritrócitos de carneiro curtidos misturando volumes iguais de antigénios. Incubar a 37 °C durante 30 minutos num banho-maria, com agitação frequente. Lavar as células sensibilizadas assim preparadas três vezes em solução salina normal por centrifugação a 2000 rpm durante 5 minutos. Após a lavagem final, ressuspender as células embaladas em soro fisiológico para obter uma suspensão a 1%.
4. **Absorção do soro: Efetuar** a absorção misturando 3 volumes de soro com 1 volume de glóbulos vermelhos de carneiro não sensibilizados e incubando a 37° C durante 2 h. Pipetar o volume necessário de soro a

utilizar no teste IHA. A absorção pode ser efectuada convenientemente na placa de microtítulo.

5. **A técnica IHA:** O teste é efectuado em placas de microtítulo de fundo redondo com 96 alvéolos.

1. Adicionar 160 µl de soro fisiológico e 40 µl de soro absorvido inactivado ao primeiro poço de uma fila.
2. Adicionar 100µl de solução salina normal a todos os outros poços.
3. Efetuar a diluição misturando e transferindo 100µl para o penúltimo poço. Deixar o último poço como controlo sem soro.
4. Adicionar um volume igual (100 µl) da suspensão de glóbulos vermelhos sensibilizados a 1% a todos os poços.
5. Fazer um controlo com glóbulos vermelhos não sensibilizados da mesma forma.
6. Agitar as placas e deixar à temperatura ambiente durante 2 h.
7. Procurar aglutinação. A aglutinação grosseira de glóbulos vermelhos indica um resultado positivo; um pequeno botão de células depositadas é um resultado negativo.

EXERCÍCIO

1. **Qual é o significado da hemaglutinação passiva?** Diagnóstico de doenças causadas por Mycoplasma, doenças auto-imunes.

19. SEPARAÇÃO DE LINFÓCITOS

Objetivo

Para isolar células linfocitárias de sangue desinfectado.

Princípio

Os linfócitos estão presentes no sangue, nos exsudados peritoneais ou nos órgãos linfóides misturados com outras células. O sangue desfibrinado é colocado em camadas numa solução de polissacarose e diatrizoato de sódio e centrifugado a baixa velocidade durante 30 minutos. A migração diferencial após a centrifugação resulta na formação de várias camadas de células. As células mononucleares (linfócitos e monócitos) estão contidas na interfase plasma em banda - LSM (Lymphocyte Separation Medium) devido à sua densidade e o pellet formado contém maioritariamente eritrócitos e granulócitos, que migraram através do gradiente para o fundo do tubo. A maioria das plaquetas estranhas é removida por centrifugação a baixa velocidade durante os passos de lavagem. Os linfócitos são recuperados aspirando a camada de plasma e removendo depois as células. O excesso de plaquetas Hisep LSM e de plasma pode então ser removido por lavagem celular com tampão fosfato salino isotónico.

Materiais

Sangue de galinha desfibrinado, Hi sep LSM (polissacarose e diatriato de sódio) - 1,084 ± 0,0010 g/ml, tubos de centrífuga graduados estéreis, pipetas, pipetas Pasteur, centrífuga, solução salina tamponada com fosfato isotónico, corante de Leishman, lâminas de vidro, sangue desfibrinado de galinha (com EDTA), etc.

Método

1. Transferir assepticamente 3 ml de Hi sep LSM para 15 ml de um tubo de centrifugação.
2. Sobrepor cuidadosamente Hi sep LSM com 3 ml de sangue total. Não misturar.

   **A utilização de plásticos com elevado teor de aglutinantes, como o poliestireno, pode prender as células às paredes do tubo de centrifugação. Centrifugar a 3000 rpm durante 30 minutos à temperatura ambiente.*

3. A centrifugação deve sedimentar eritrócitos e leucócitos polinucleares e linfócitos mononucleares em banda.
4. Aspirar a maior parte do plasma e deixar a placa com o sobrenadante acima da banda de interface (os granulócitos e os eritrócitos estarão no sedimento vermelho).
5. Utilizando uma pipeta de Pasteur de vidro limpa, aspirar cuidadosamente as células mononucleares, ou seja, a interface opaca, e transferi-las para um tubo de centrifugação limpo.

6. Adicionar 10 ml de solução salina tamponada com fosfato isotónica; agitar suavemente o tubo várias vezes para assegurar uma mistura adequada.

7. Centrifugar durante 10 minutos a 2400 rpm. Deitar fora o sobrenadante.

8. Repetir os passos 7 e 8 por duas vezes. Normalmente, são necessárias 2-3 lavagens para remover quaisquer restos de Hi Sep LSM das células mononucleares (Fig.8). Ressuspender as células após a lavagem final em 0,5 ml de PBS.

9. Fazer o esfregaço, corar com o corante de Leishman e examinar a lâmina ao microscópio.

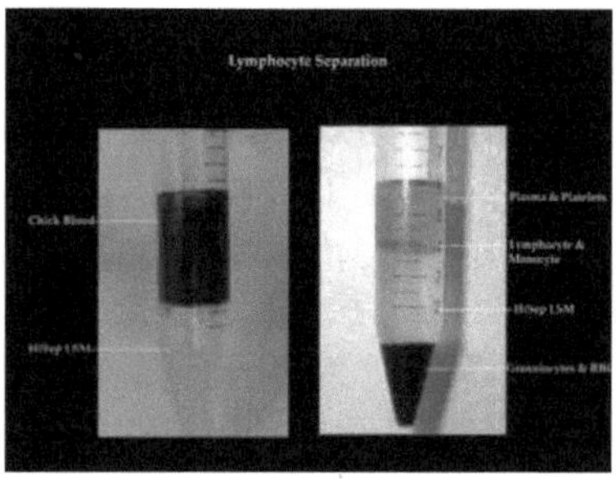

Fig. 8 Isolamento de linfócitos

EXERCÍCIO

1.Qual é o objetivo da separação de linfócitos? Para contar o número total de linfócitos e para linfócitos específicos.

20. E-ROSETTING FORMAÇÃO DE ERITRÓCITOS-ROSETAS) DE LINFÓCITOS T

Objetivo

A E-rosetting de linfócitos T tem sido utilizada para a identificação e contagem de linfócitos T numa população de leucócitos do sangue, bem como para a separação de linfócitos T de outros leucócitos por centrifugação em gradiente de densidade de linfócitos T E-rosetted.

Princípio

Os linfócitos B e T não se distinguem pelas suas características morfológicas. No entanto, podem ser identificados de forma diferenciada através de testes que utilizam reagentes para os marcadores de superfície destas células. Os marcadores de superfície dos linfócitos são atualmente designados por moléculas CD (cluster of differentiation), por exemplo, as moléculas CD2, CD3 e CD5, expressas em quase todas as células T. A molécula CD2 é um recetor para eritrócitos (que está particularmente presente nos linfócitos T humanos e de primatas e forma rosetas com eritrócitos de ovinos). No entanto, as rosetas E da cobaia são formadas não só por células T do cão, do gato e do cavalo, mas também por células B, neutrófilos, monócitos e plaquetas destas espécies. Os ensaios de formação de rosetas em animais domésticos não são muito definitivos. As rosetas EA (eritrócito-anticorpo) são formadas por outras células (incluindo células B), que possuem receptores para a região Fc das moléculas de Ig. As rosetas EAC (eritrócito-anticorpo-complemento) também podem ser demonstradas para leucócitos.

Materiais

Sangue periférico de ovelha em solução de Alsever, sangue periférico de coelho/rato/humano (de preferência) em solução de Alsever, solução salina equilibrada de Hanks (HBSS/RPMI 1640), solução de BSA (100mg/ml), hemocitómetro, lamelas, pipetas (vidro). 1 ml e 10 ml, tubos de centrifugação, suporte, microscópio de luz, etc.

Método

1. Diluir o sangue periférico de carneiro numa centrifugadora a 1500 rpm durante 5 minutos.
2. Lavar duas vezes em HBSS/RPMI 1640 e recolher o sedimento após centrifugação a 1500 rpm durante 5 min.
3. Ressuspender o sedimento de eritrócitos em HBSS/RPMI 1640 para fazer uma suspensão de eritrócitos a 0,5%. Adicionar uma gota de solução de BSA.
4. Separar os linfócitos do sangue periférico pelo método de gradiente de densidade Histopaque, lavá-los três vezes em HBSS/RPMI 1640 e ressuspendê-los em HBSS/RPMI para obter 10 a 6 células/ml aproximadamente. Adicionar uma gota de solução de BSA.

5. Misturar 0,1 ml de suspensão de linfócitos com 0,1 ml de suspensão de linfócitos com 0,1 ml de suspensão de eritrócitos de carneiro num tubo de microcentrífuga Eppendorf. Após centrifugação a 50 X g durante 2 minutos, deixar a sua interação durante mais de 1 h (de preferência durante a noite) a 4° C. (Pode evitar-se a centrifugação a 50 X g e deixar as células assentar durante 1 h à temperatura ambiente, mantendo-as depois a 4 oc.).
6. Ressuspender o sedimento com cuidado.
7. Pegar num hemocitómetro limpo, cobri-lo com uma lamela, carregar a câmara com as células ressuspensas. Observar ao microscópio ótico de 40X.

Interpretação

As E-rosetas podem ser vistas como um aglomerado de linfócitos que cobrem um linfócito e estão dispostas de modo a dar uma pequena aparência de rosa. Os linfócitos nas R-rosetas podem também ser corados para aumentar a sua visibilidade rodeados de eritrócitos.

EXERCÍCIOS

1. **Qual é o objetivo do E-rosetting?** Diagnóstico do plasmódio, deteção do fator Rh e identificação de células T.

21. TÉCNICA DE DUPLA IMUNO DIFUSÃO DE OUCHTERLONY (ODD)

Objetivo

Estudar a reação de precipitação entre o antigénio e o anticorpo através da técnica de difusão.

Princípio

A interação entre o antigénio e o anticorpo a nível molecular constitui a base da reação de precipitação. Esta técnica é uma das técnicas mais simples e amplamente utilizadas para verificar a presença e a especificidade dos anticorpos para um determinado antigénio. Esta técnica é também utilizada para comparar diretamente diferentes antigénios e anti-soros. Quando o antigénio e o anticorpo são misturados na proporção ideal, o complexo antigénio-anticorpo precipita. Os precipitados formados no gel de ágar aparecem como uma linha opaca.

Materiais

Antigénio solúvel, antissoro, agarose, tampão Tris-acetato-EDTA (TAE) ou Tris-EDTA (TE) ou Vernal ou Tris-Borato (TBE) *(ver apêndice),* água destilada, lâminas de vidro, micro pipetas, micropontas, modelo, frigorífico, etc.

Método

1. Limpar a lâmina de vidro com água e sabão e secar.
2. Preparar um gel de agarose a 1% com tampão ou água destilada e verter sobre a lâmina de vidro.
3. Deixar solidificar durante 10-15 minutos.
4. Manter a lâmina de vidro contendo agarose sobre o modelo e fazer três poços no gel com a punção do gel.
5. Adicionar 10 μlof de antissoro ao poço central.
6. Os restantes dois poços são adicionados com 10 μl de antigénio e incubar a lâmina na câmara húmida durante a noite a 8° C.
7. Após a incubação, observar a existência de linhas de precipitação opacas entre os poços do antigénio e do antissoro.

Interpretação

Ags idênticas que formam arco de precipitação, Ags parcialmente idênticas são indicadas pela formação de esporões, ou seja, um arco de precipitação que cruza outro e Ag não idênticas indicadas pelo arco de precipitação que se cruzam (Fig.9).

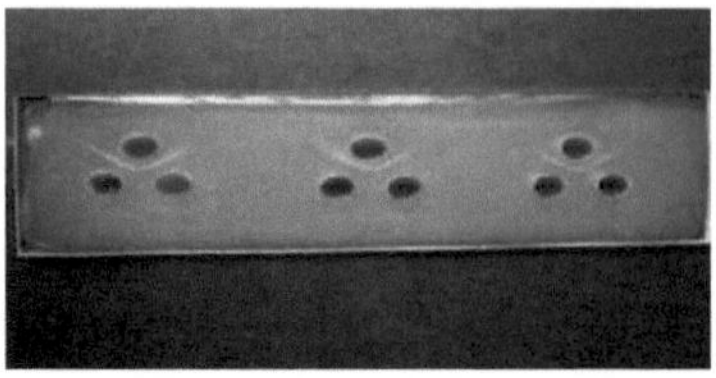

Fig. 9 Dupla imuno difusão de Ouchterlony

EXRECISÕES

1. **O que é a agarose?** Forma purificada de ágar.
2. **Como é que a agarose aquecida solidifica ao arrefecer?** A agarose apresenta o fenómeno de histerese térmica na sua transição de líquido para gel, ou seja, gelifica e funde a diferentes temperaturas.
3. **Como é que o Ag e o Ab se difundem no gel? O que é a endosmose?** Osmose em que o fluido flui através de uma membrana em direção a uma região de maior concentração.
4. **Qual é a utilidade do teste ODD?** Para comparar dois antigénios, quer sejam idênticos, parcialmente idênticos ou não idênticos.
5. **Quais são as colorações utilizadas para os precipitados no gel de agarose?** Coomassie brilliant blue, amido black.

22. IMUNOELECTROFORESE EM CONTRACORRENTE (CIE)

Objetivo

Para identificar a presença do antigénio esperado na amostra dada

Princípio

A contra-imunoeletroforese utiliza um fluxo de endo-osmose que faz com que a gamaglobulina em movimento seja colocada no cátodo, enquanto o antigénio se move na direção oposta para o ânodo. O antigénio é ligado ao terminal negativo e o anticorpo é ligado ao terminal positivo. Os poços apropriados de antigénio e anticorpo são colocados em contacto, resultando na formação de linhas de precipitação entre os dois poços. Uma vez que tanto o antigénio como o anticorpo são conduzidos eletricamente e a precipitação ocorre em 30 minutos.

Materiais

Cuba electroforética, fonte de alimentação, papel absorvente, tampão Tris-acetato-EDTA (TAE) ou Tris-EDTA (TE) ou Vernol ou Tris-Borato (TBE) *(ver apêndice),* antigénio, anticorpo, modelo, punção do gel, etc.

Método

1. Limpar a lâmina de vidro com água e sabão e secar.
2. Preparar 10 ml de agarose a 1% em tampão de reserva, adicionando agarose seca ao tampão e aquecendo lentamente para dissolver completamente a agarose.
3. Preparar a extremidade da lâmina que ficará virada para o elétrodo +ve durante a eletroforese.
4. Colocar a lâmina sobre uma mesa nivelada e pipetar rapidamente 7 ml de agarose para uma lâmina de 50 X 75 mm, espalhando enquanto liberta a agarose. Deixar solidificar durante 15 minutos.
5. Colocar a placa de gel no suporte do modelo e fixar o modelo para a CIE. Perfurar poços de 3 mm com o punção de gel em +ve indicado para CIE.
6. Colocar a lâmina na cuba electroforética e encher a cuba com tampão que não deve cobrir a superfície do gel. Não adicionar excesso de tampão.
7. Adicionar 10 µl de antigénios nos quatro poços em direção ao elétrodo negativo e 10 µl de antissoro de controlo +ve e anti-soros de teste nos poços em direção ao elétrodo positivo.
8. Ligar as duas extremidades da agarose e do tampão utilizando palhetas de papel, aplicar 50 V e deixar a eletroforese prosseguir durante 45 minutos.
9. Observar a linha de precipitação entre os poços do antigénio e do antissoro (Fig. 10).

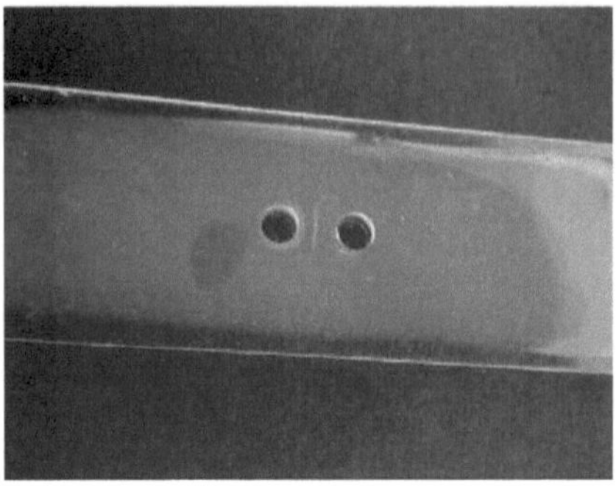

Fig. 10 Contra-imunoeletroforese

EXERCÍCIOS

1. **Como é que o Ag e o Ab se difundem rapidamente no CIE?** O Ag e o Ab são ambos movidos por cargas eléctricas.
2. **Qual é o significado de CIE?** Detetar a presença de Ag ou Ab num período de 30 minutos. Ex. Meningite causada por *Neisseria meningitidis*

23. IMUNOELECTROFORESE (IE)

Objetivo

Determinar a reação do antigénio e do anticorpo por imunoeletroforese.

Princípio

A imunoeletroforese é uma técnica poderosa para a caraterização de anticorpos, uma vez que combina a separação prévia do antigénio por eletroforese com a imunodifusão contra um antissoro. Esta técnica é muitas vezes preferida em relação ao teste de imunodifusão dupla de ouchterlony, uma vez que permite obter padrões claros de linhas de precipitação para anticorpos policlonais com antigénios complexos ou mistos. Esta técnica é amplamente utilizada para verificar a presença de anticorpos, a sua especificidade e homogeneidade.

A imunoeletroforese é um método utilizado para a separação e identificação de proteínas (antigénios) com base no comportamento electroforético e nas propriedades imunológicas. A imunoeletroforese baseia-se na carga e na ação de massa dos antigénios. Em geral, o antigénio composto é submetido a eletroforese e é permitido reagir com o antissoro policlonal por difusão.

Materiais

Antigénio, anticorpo, tampão Tris-acetato-EDTA (TAE) ou Tris-EDTA (TE) ou Vernol ou Tris-Borato (TBE) *(ver apêndice), papel de* filtro Whatman n.º 1, cuba electroforética, corante de rastreio (*preparar adicionando uma pitada de azul de bromofenol em 1 ml de tampão), lâminas de vidro, modelo, etc.

Método

Preparação da placa de gel

1. Preparar 10 ml de agarose a 1% em tampão de reserva, adicionando agarose seca ao tampão e aquecendo lentamente até à ebulição.
2. Marcar a extremidade da lâmina que será positiva durante a eletroforese.
3. Colocar a lâmina sobre uma mesa nivelada e pipetar rapidamente 10 ml de agarose para uma lâmina de 50-75 mm, espalhando enquanto liberta a agarose. Deixar solidificar durante 15 minutos e agitar a lâmina para perturbar a superfície do gel formado.
4. Colocar a placa de gel no suporte do modelo e perfurar um poço de 3 mm com um furador de gel.
5. Cortar uma calha com o cortador de gel fornecido, mas não retirar o gel da calha.
6. *Eletroforese*
7. Aplicar no poço 12 a 15 μl de antigénio misturado com o corante de rastreio.
8. Colocar a lâmina na cuba electroforética e encher a cuba com o tampão que toca o gel, mas o tampão não deve estar acima da superfície do gel.
9. Aplicar 50-100 V e deixar a eletroforese prosseguir até que o corante azul percorra a frente de 3-4 cm

do poço. O corante azul ligado ao antigénio indica a taxa de migração da albumina. A eletroforese não deve ser continuada para além de 3 horas, uma vez que é suscetível de gerar calor.

Imunodifusão

1. Retirar o gel da tina e mantê-lo sob refrigeração durante 15 minutos e adicionar 250 µl de antissoro na tina.
2. Colocar a lâmina num petrídeo com um chumaço de algodão húmido e deixar a difusão a uma temperatura de 8° C durante uma noite (12 h) para visualizar as bandas de precipitação.
3. Observar a linha de precipitação entre a calha do antissoro e o poço do antigénio (Fig.11).

Interpretação

O número de bandas de precipitação indica o número de antigénios que são separados na eletroforese.

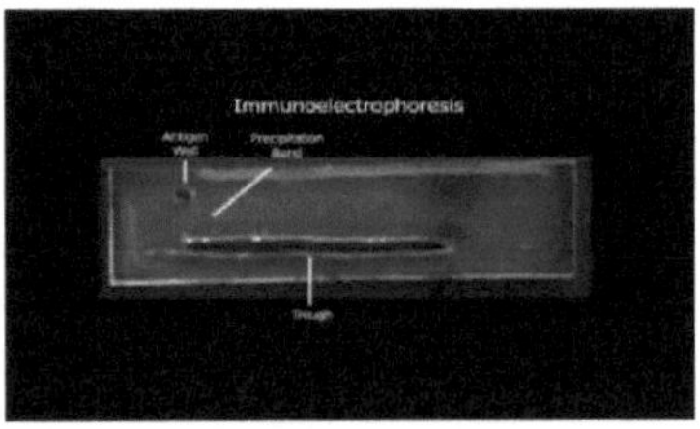

Fig. 11 Imunoeletroforese

EXERCÍCIOS

1 . **Qual é o significado da imunoeletroforese?** Detetar o número de proteínas presentes numa determinada amostra ou num Ag composto.

2 **Quais são os sistemas tampão utilizados na eletroforese em gel de agarose?** Tris-acetato EDTA (TAE) ou Tris - EDTA (TE) ou Vernol ou Tris - Borato (TBE).

24. IMUNODIFUSÃO RADIAL (RID)

Objetivo

Quantificar o antigénio em questão através da técnica de imunodifusão radial.

Princípio

O RID é amplamente utilizado para a estimativa quantitativa de antigénios. A técnica RID é utilizada para estimar a concentração de proteínas plasmáticas como a imunoglobulina e também para estimar a concentração de Ab na amostra de soro.

Quando o Ag se difunde lentamente de forma radial, formando um disco de gradiente de concentração num gel que contém Ab uniformemente distribuído. O Ag atinge uma equivalência com a concentração de Ab presente no gel. O precipitado formado no gel aparece, assim como anéis opacos. O diâmetro do anel é diretamente proporcional à concentração de Ag.

Materiais

Agarose, tampão Tris-acetato-Edta (TAE) ou Tris-Edta (TE) ou Vernol ou Tris-Borato (TBE) *(ver apêndice)*, Ag padrão, Ag de ensaio, punção de gel com seringa, placas de vidro, modelos, folhas de gráfico semilogarítmico, modelo, etc,

Método

1. Pesou-se um grama de agarose, que foi dissolvido em tampão de ensaio e fervido até se dissolver completamente.
2. Deixou-se então a solução arrefecer até 55° C e misturou-se 120 µl de antissoro com 6 ml da solução de agarose.
3. A solução de agarose contendo o antissoro foi vertida numa placa de vidro sem gordura, previamente colocada numa superfície horizontal plana, e o gel foi deixado arrefecer.
4. Utilizando o punção de gel, foi feito um poço no gel.
5. Foram adicionados aos poços 10 µl de Ag-A padrão (0,25 mg/ml), Ag-B padrão (0,5 mg/ml), antigénio de teste 1 e antigénio de teste 2. Durante este processo, deve ser evitado o transbordo da amostra.
6. Após a adição da amostra, a placa de gel foi deixada numa caixa com algodão húmido e incubada durante a noite a 8° C.
7. O diâmetro do disco foi medido através da marcação do bordo do círculo (Fig. 12).

Interpretação

Foi construído um gráfico padrão traçando o diâmetro dos discos em função da concentração de Ag numa folha de gráfico semelhante. A concentração de Ag desconhecido foi então determinada utilizando a concentração contra o diâmetro do anel.

Fig. 12 Difusão imune radial

EXERCÍCIO

1) **Qual é o objetivo do RID?** Quantificar os antigénios.

25. IMUNOELECTROFORESE DE FOGUETES (RIE)

Objetivo

Quantificar o antigénio em causa por imunoeletroforese de foguetes.

Princípio

O RIE é também conhecido como electroimunodifusão. É uma variante do teste de imunodifusão radial (RID). Nesta técnica, a difusão do antigénio é adicionada e também guiada pela mobilidade electroforética em direção ao ânodo, submetendo-o a um campo elétrico num gel de agarose contendo anticorpos. O RIE é mais sensível e mais preciso do que o RID.

O antigénio colocado num poço cortado na extremidade catódica de um gel que contém anticorpos específicos relevantes é sujeito a eletroforese. Durante a eletroforese, o antigénio, ao migrar para o cátodo, reage com o anticorpo para formar complexos solúveis que continuam a mover-se. O complexo antigénio-anticorpo reage ainda com mais quantidade de anticorpo para formar uma rede do complexo que precipita no gel. Se a quantidade de antigénio no poço for maior, o antigénio ou o complexo antigénio-anticorpo tem de percorrer uma distância maior para reagir com mais quantidade de anticorpo para a precipitação completa do complexo. Assim, o precipitado do complexo antigénio-anticorpo cobre uma área maior no gel.

A área do imuno-precipitado em forma de foguete no gel ou a altura do foguete é diretamente proporcional à concentração de antigénio nas amostras carregadas no poço.

Materiais

Agarose, tampão Tris-acetato-EDTA (TAE) ou Tris-EDTA (TE) ou Vernol ou Tris-Borato (TBE) *(ver apêndice),* Ag padrão, Ag de ensaio, punção de gel com seringa, placas de vidro, modelos, folhas de gráfico semilogarítmico, água destilada, micropipeta, aparelho electroforético, modelo, etc.

Método

1. Preparar 10 ml de agarose a 1,0 % (0,1 g/10 ml) em tampão de reserva, adicionando agarose seca ao tampão e aquecendo lentamente até estar prestes a ferver
2. Deixar a solução arrefecer até 55° C e misturar 1 ml de antissoro com 10 ml da solução. Deitar numa lâmina de 50X75mm colocada sobre uma mesa nivelada e deixar arrefecer, formando um gel.
3. Colocar a placa de gel no suporte do modelo e fixar o modelo RIEP. Perfurar os poços de 3 mm com um furador de gel.
4. Colocar a placa de gel na cuba electroforética e encher a cuba com tampão até cobrir o gel.
5. Adicionar 10µl do antigénio padrão e das amostras aos poços, evitando o transbordamento.
6. Iniciar a eletroforese a 100 V e continuar até que os foguetes sejam visíveis ou o corante atinja o

bordo frontal. Em geral, demora cerca de 1 a 1½ h.

7. A altura do foguetão é medida a partir do bordo superior do poço até à ponta do foguetão (Fig.13).

Interpretação

É construído um gráfico padrão traçando a altura do foguetão em função da concentração de antigénio numa folha de gráfico semilogarítmico. A concentração do desconhecido é então determinada através da leitura da concentração em função da altura do foguetão.

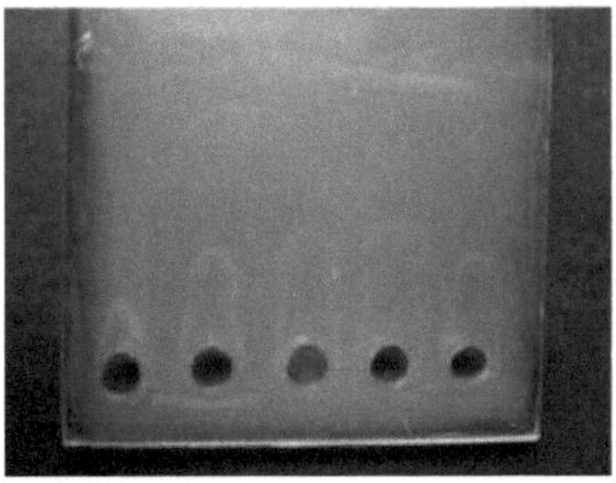

Fig. 13 Imunoeletroforese em foguetão

EXERCÍCIO

1) **Qual é o objetivo do RIE?** Quantificar e qualificar o Ag ou Ab

26. TESTE DE FIXAÇÃO DO COMPLEMENTO

Objetivo

Detetar a presença de anticorpos fixadores do complemento na amostra em causa.

Princípio

O teste de fixação do complemento é sensível e aplicável à investigação imunológica de várias doenças virais. É amplamente utilizado na virologia de diagnóstico. Através deste teste, é possível detetar antigénios ou anticorpos utilizando reagentes e procedimentos não muito dispendiosos. No teste, o antigénio e os anticorpos são incubados na presença de soro de cobaia, que actua como fonte de complemento. Em seguida, é adicionado o sistema indicador constituído por hemácias de carneiro revestidas com anticorpo SRBC. Quando o antigénio e o respetivo anticorpo estão presentes no sistema de teste, fixam o complemento e não resta nenhum para lisar as hemácias adicionadas. Quando o antigénio ou o anticorpo não estão presentes no sistema de teste, o complemento está disponível para lisar as hemácias sensibilizadas, uma vez que o complemento não está fixado.

Apesar de, com base na discussão anterior, o teste poder parecer complexo e difícil de efetuar, o ponto final que apresenta é muito claro, estável e de fácil leitura. Além disso, o ponto final não depende, como acontece nos testes de aglutinação, de padrões de sedimentação, que podem ser destruídos por perturbações físicas. O teste é" altamente sensível. Pode ser utilizado com antigénios brutos e não é afetado pelo efeito de prozona. Tem sido amplamente utilizado na identificação do tipo de vírus da gripe e de vírus da febre aftosa. Outras infecções virais em que a CFT pode ser utilizada são a cólera suína, a peste suína africana, a hepatite infecciosa canina, a esgana canina, vários adenovírus humanos e animais, os vírus da varíola, da peste bovina e os enterovírus. Tendo em conta o princípio da reação, foram utilizadas várias modificações da CFT clássica, por exemplo, micro-CFT, CFT radial simples, teste de libertação de crómio SI (51 Cr) e CFT indireta.

O teste pode ser efectuado quer em pequenos tubos de ensaio (tubos de Wasserman), quer nos poços das placas de hemaglutinação em perspex e das placas de microtitulação. Este último método é atualmente utilizado por rotina em todo o mundo e é o método de eleição. Nas linhas que se seguem, descrevem-se os procedimentos de CFT em microplacas.

Materiais

O equipamento e as instalações disponíveis num laboratório de virologia, ou seja, centrifugadora de mesa, banho-maria, incubadora, frigorífico, congelador, vidraria e produtos químicos, são suficientes para a realização do teste. Os outros requisitos são placas de microtitulação com alvéolos em forma de 96U, pipetas e pontas de 0,025 ml e 0,05 ml, microdiluidor e fita adesiva para selar as placas. Antigénio, anticorpo, diluente CF, solução salina tamponada com fosfato (pH 7,2-7,4), complemento de cobaia, eritrócitos de carneiro e hemolisina, etc.

Preparação de reagentes

Antigénio do vírus: Qualquer material que contenha o vírus pode ser utilizado como antigénio. Pode tratar-se de tecido, fluido ou cultura de células infectados. Para utilização no teste, a suspensão de vírus deve ser centrifugada para remover os resíduos celulares. Por vezes, o material de tecido infetado pode requerer tratamento com clorofórmio, fluorocarbono, tripsina e polietilenoglicol. Se o antigénio apresentar atividade anticomplementar, deve ser adequadamente tratado e diluído.

Anticorpos: Pode ser um antissoro específico conhecido ou soro de um animal infetado e convalescente. O soro ou antissoro é aquecido a 56° C durante 30 minutos para remover o efeito complementar.

Complemento: O soro fresco de cobaia constitui o complemento. O complemento liofilizado também está disponível comercialmente. As cobaias saudáveis são sangradas por punção cardíaca ou pela garganta e o sangue é recolhido em tubos estéreis limpos e deixado coagular à temperatura ambiente durante 1-2 h. Os tubos são então mantidos a 4 oc durante 4-6 h e o soro é separado. Este é centrifugado e depois distribuído em pequenas quantidades em frascos de vidro e armazenado ultracongelado (20 oc ou menos). O título do complemento é determinado antes da utilização.

***Hemolisina**:* O antissoro de coelho contra eritrócitos de carneiro pode ser preparado em laboratório ou obtido a partir de fontes comerciais.

O sangue de carneiro recentemente colhido é lavado 3 vezes em solução salina normal e os concentrados de células são suspensos em solução salina normal até se obter uma suspensão a 20%.
Grupos de coelhos saudáveis com peso superior a 800 g são inoculados com 1 ml de suspensão de eritrócitos de carneiro preparada na veia auricular ou por via subcutânea. Posteriormente, são efectuadas mais 4 inoculações com intervalos de 5 dias com doses crescentes de suspensão de hemácias (0,5 ml por injeção subcutânea e 1,0 ml I/M, seguidas de 1,5, 2,0, 2,5 e 3,0 ml por via intravenosa em cada inoculação sucessiva). No nono dia da última inoculação, os coelhos são sangrados, o seu soro separado, agrupado, inactivado a 56° C durante 30 minutos e o título hemolítico determinado. Pode ser armazenado a 4° C para utilização posterior.

***Eritrócitos de ovino**:* O sangue de ovelha é colhido assepticamente num volume igual de solução de Alsever *(ver apêndice)* e deixado a envelhecer a 4 horas durante pelo menos 4 dias. Retira-se um pequeno volume de sangue e centrifuga-se a 1 500 rpm durante 15 minutos. O sobrenadante é eliminado e as células são ressuspendidas em solução salina normal a 0,5% e centrifugadas como acima descrito. São efectuadas mais duas lavagens em solução salina. Em seguida, os glóbulos vermelhos são suspensos em solução salina e embalados por centrifugação a 3000 rpm durante 15 minutos. O sedimento eritrocitário é preparado para conter

2,8% de hemácias por ml e está pronto para a sensibilização com a hemolisina. No teste, a concentração final de hemácias é de 1,4%.

Sistema hemolítico: Mistura-se um volume igual de suspensão de eritrócitos padronizada a 2,8% com um volume igual de hemolisina contendo pelo menos 4 MHD/ml (dose hemolítica mínima) em diluente de tampão vernal (VBD). A mistura é bem agitada e incubada a 37 oC durante 30 minutos. Este sistema indicador é armazenado a 40°C e pode ser utilizado durante uma semana.

Métodos

Titulação do complemento e da hemolisina: É conveniente efetuar uma titulação do complemento e da hemolisina para determinar a dose hemolítica mínima a incorporar no sistema de ensaio. A melhor forma de o fazer é numa placa de microtítulo.

1. Adicionar 0,5 ml de VBD aos poços da placa.
2. Efetuar várias diluições de complemento como indicado na ilustração 2; adicionar 0,05 ml de cada diluição de complemento.
3. A placa é agitada suavemente e mantida a 37° C durante 1 h.
4. São efectuadas várias diluições de hemolisina a partir das reservas 1:100.
5. A 2 ml de cada diluição de hemolisina, são adicionados 2 ml de SRBC a 2,8% (preparada anteriormente) e os tubos são bem agitados e incubados a 37 oc durante 30 minutos.
6. Adicionar 0,025 ml de sistema de incubadora (SRBC sensibilizado) à placa.
7. A placa é agitada suavemente, tapada e selada e incubada a 37 oc numa câmara húmida durante 1 h, com 3 ou 4 agitações intermitentes.
8. As placas são então mantidas a 4 oc durante a noite e os resultados são lidos no dia seguinte.

A diluição mais elevada do complemento que produz 50% de lise com a diluição mais elevada da hemolisina é considerada como 1 unidade de complemento hemolítico 50 e 1 unidade de hemolisina 50, respetivamente. O grau de hemólise é determinado pelo grau de sedimentação das hemácias não lisadas no fundo dos poços e classificado numa escala de 0 a 4: 100, 75, 50, 25 e 0% de hemolisina, respetivamente.

Para o teste, são utilizadas 4 unidades de hemolisina e 3 unidades de complemento.

O teste: O teste descrito abaixo está a ser utilizado para o sistema da febre aftosa e pode ser utilizado para outros vírus. É prática corrente diluir os anti-soros e o antigénio de acordo com os respectivos títulos.

1. Distribuir 0,025 ml de anti-soros na fila de poços separada para cada vírus da febre aftosa yp^{te}.
2. Adicionar 0,025 ml de antigénio a cada poço com anti-soros.
3. Adicionar 0,05 ml de complemento com 3 unidades. Agitar bem a placa e incubar a 37°C durante 1h.
4. No sistema indicador de preparação do tempo médio (4 MHD50 por ml de hemolisina e 1,4% de concentração final de SRBC padronizada). Incubar a 37° C durante 30 min.
5. Depois de terminada a incubação em ambas as placas e na célula sensibilizada, adiciona-se 0,0025 ml de sistema indicador a todos os poços.
6. A placa é agitada suavemente, tapada, selada e incubada a 37^0 C durante 1 h, sendo depois mantida a 4 0C durante a noite.
7. Os controlos a manter são:
   i. Controlo de células sensibilizadas -1 ml de VBD e 0,0025 ml de sistema indicador.
   ii. Controlo do complemento - 0,05 ml de VBD, 0,05 ml de complemento e 0,025 ml de sistema indicador.
   iii. Soro de controlo - 0,025 ml de VBD, 0,025 ml de soro, 0,05 ml de complemento e 0,025 ml de indicador.
   iv. Controlo do antigénio - 0,025 ml de VBD, 0,025 ml de antigénio, 0,05 ml de complemento e 0,025 ml de indicador

Interpretação

Os resultados são lidos no dia seguinte e classificados de 0 a 3, de acordo com a fixação (sedimentação dos eritrócitos). Uma leitura de 2 ou superior num antissoro específico de um determinado tipo é indicativa do vírus da febre aftosa.

EXERCÍCIO

l.Qual é o significado da CFT? Diagnóstico de brucelose, enterovírus, etc.

27. ENSAIO DE IMUNOLIGAÇÃO POR PONTOS

Objetivo

Para detetar a presença de Ag ou Ab específicos.

Princípio

O ensaio de imunoligação por pontos (DIA) é uma variante do ELISA em que a fase sólida é uma membrana de nitrocelulose (NCM) ligada a uma tira de material plástico. O antigénio é ligado/colado à NCM como um pequeno ponto através da aplicação de cerca de um micro da solução de antigénio na membrana. Após secagem do ponto, os locais não ocupados são bloqueados por imersão da porção de NCM de toda a tira num reagente de bloqueio adequado (BSA), como no caso da ELISA. As etapas seguintes são semelhantes às da prova ELISA (reação com Ab, lavagem, reação com anticorpo anti-espécie conjugado com uma enzima, lavagem e, por fim, imersão da tira numa solução de substrato adequada que produza precipitados coloridos depositados sob a forma de um ponto no local de ligação do conjugado Ag-Ab-anti-espécie Ab, no caso de amostras positivas).

O teste é mais simples, mais conveniente, económico e sensível quando comparado com os testes ELISA de placa padrão. No entanto, este teste apenas fornece uma estimativa qualitativa do antigénio e do anticorpo.

Materiais

Antigénio de ensaio, antissoro, conjugado Ab anti-espécie, solução de lavagem e de bloqueio do conjugado, como no caso do ELISA indireto, substrato [3, 3'- diaminobenzidina (DAB) / H_2O_2], tiras de plástico ligadas à membrana de nitrocelulose (NCM) ou "Dip sticks", tubos de ensaio, 5 ml para o processamento das tiras, etc.

Método

1. Aplicação do antigénio como ponto nas tiras ligadas ao NCM.
   **Os antigénios processados a partir de amostras clínicas ou laboratoriais são aplicados em volumes de 1μl em NCM e deixados a secar. Este será finalmente desenvolvido num ponto colorido.*

2. Lavagem em PBS-T: 5 min.
3. Bloqueio em PBS-T-BSA/Leite em pó desnatado: 1 h à temperatura ambiente.
4. Lavagem em PBS-T: 5 minutos por três vezes.
5. Reação com Ab: Antissoro adequadamente diluído (1:100 soros de ensaio): 1h à temperatura ambiente.
6. Lavagem em PBS-T: 5 minutos por três vezes.
7. Reação com o conjugado Ab anti-espécie: 1à temperatura ambiente.

8. Lavagem em PBS-T: 5 minutos por cinco vezes.
9. Permitir a reação com a solução de substrato durante um período máximo de 15 minutos para o desenvolvimento de um ponto de cor castanha nas amostras positivas.
10. Parar a reação por lavagem com água destilada.
11. Secar a vara e guardar ao abrigo da luz como registo.

Interpretação

É apresentado um ponto de cor castanha na membrana de nitrocelulose ligada a uma tira de plástico/vareta que indica um resultado positivo.

EXERCÍCIO

1. **Qual é o significado do ensaio de imunoligação DOT?** Detetar a presença de Ag ou Ab específicos numa determinada amostra.

28. ENSAIO DE IMUNOABSORÇÃO ENZIMÁTICA (ELISA)

Objetivo

Para detetar a presença de Ag ou Ab específicos.

Princípio

O teste ELISA é extremamente sensível e pode ser concebido em diferentes formatos para detetar antigénio ou anticorpo. Foi descrita uma variedade de ensaios directos, indirectos e invertidos, a maioria dos quais envolve um ELISA de fase sólida. Estes sistemas dependem da capacidade do antigénio ou do anticorpo para se ligar a superfícies de suporte inertes, que formam um imunoadsorvente para posterior ligação do anticorpo ou do antigénio, conforme o caso. A técnica mais simples e bem sucedida para a medição de anticorpos no soro é a ELISA indireta.

Os principais componentes do teste ELISA indireto são

- Absorção do antigénio na fase sólida e lavagem do excesso de antigénio não ligado.
- Bloqueio das zonas não absorvidas com albumina de soro bovino (BSA).
- Adição de soro, seguida de incubação e lavagem do excesso de anticorpo não ligado.
- Adição de conjugado antiimunoglobulina marcado com enzima, novamente seguido de incubação e lavagem.
- Adição de enzima - substrato solúvel específico, que produz uma mudança de cor. Esta é medida espectrofotometricamente.

Na maioria dos casos, a enzima utilizada é a peroxidase de rabanete. Foram utilizados vários substratos solúveis para a enzima peroxidase [(dicloridrato de ortofenileno diamina (OPD), ou tetra-metil benzidina (TMB), ou ácido 2, 2' - azino di (3- etilbenzotiazolina - 6- sulfónico) (ABTS)]. Substratos diferentes produzem cores diferentes após a reação enzimática.

Materiais

Solução salina tamponada com fosfato, tampão de revestimento, tampão de bloqueio, tampão de lavagem, tampão de conjugado, **tampão de** substrato (pH 4,5 - 5,5), reagente de paragem *(ver apêndice),* diluição de trabalho pré-avaliada do anticorpo antiimunoglobulina conjugado com peroxidase é feita utilizando o tampão de conjugado (digamos 1:2000), placa ELISA de microtitulação de 96 poços, micro pipeta com pontas, máquina de lavar placas ELISA, leitor ELISA, micro pipetas, cilindro de medição, etc.

Método

1. Estabelecer a diluição de trabalho do antigénio e do conjugado através de uma titulação em tabuleiro de controlo.
2. Diluir o antigénio em tampão de revestimento até à sua diluição óptima e adicionar quantidades de 100µl em cada poço de uma placa de microtítulo de poliestireno.

3. Incubar a placa durante a noite a 4° C numa câmara húmida.
4. Lavar a placa três vezes com tampão de lavagem.
5. Adicionar 100µl do tampão de bloqueio a cada poço e incubar a 37 oc durante 30 min.
6. Lavar a placa três vezes com tampão de lavagem.
7. Fazer duas diluições (1:100, 1:200, 1:400 e assim por diante) dos soros de teste e de referência. Adicionar 100µl a cada poço. Incubar um controlo negativo.
8. Incubar a placa durante 1h a 37 °C em câmara húmida.
9. Lavar a placa três vezes com tampão de lavagem.
10. Adicionar 100µl do conjugado preparado a cada poço. Incubar a 37 oc durante 1h.
11. Lavar a placa três vezes com tampão de lavagem.
12. Adicionar 100µl do substrato de trabalho a cada poço. Deixar repousar durante 16 minutos para que a reação ocorra numa câmara escura.
13. Parar a reação adicionando 100µl de solução de paragem a cada poço.
14. Determinar os valores de DO (densidade ótica) a 490 nm num leitor ELISA.

Interpretação

Considera-se como ponto final a diluição mais elevada do soro que apresente um valor de DO duas vezes superior à DO do controlo negativo. O recíproco da diluição é considerado como o título do soro.

EXERCÍCIOS

1. **Quem descobriu o ELISA?** Dois cientistas suecos, Eva Engvall e Peter Perlman (1971)
2. **Refira algumas enzimas com substrato específico em ELISA.**HRP-TMB
3. **O que é o ELISA qualitativo?** Para detetar a presença de Ag ou Ab
4. **O que é o ELISA quantitativo?** Para detetar a quantidade de Ag ou Ab
5. **Quais são as aplicações do ELISA?** Diagnóstico de doenças, deteção de hormonas, marcadores de cancro.

29. TESTE DE ANTICORPOS FLUORESCENTES

Objetivo

Para detetar a presença de Ag. virais específicos.

Princípio

A imunoglobulina, separada do soro hiper-imune e concentrada, é conjugada com um corante fluorescente estável (isotiocianato de fluoresceína) para produzir um anticorpo marcado. O anticorpo marcado é utilizado para detetar o antigénio específico correspondente (bactérias, vírus) em tecidos ou amostras.

Existem dois métodos de técnica de anticorpos fluorescentes: 1) Método direto e 2) Método indireto. No método direto específico, o soro antibacteriano ou antiviral é primeiro conjugado com um corante de fluoresceína e depois tratado com o antigénio antes de ser examinado ao microscópio ultravioleta. No método indireto, o soro antibacteriano ou antiviral conhecido, não marcado, é primeiro incubado com um antigénio de teste. Se o antigénio de teste for específico para o anticorpo conhecido, forma-se o complexo antigénio-anticorpo. Em seguida, adiciona-se soro antiglobulina marcado (anticorpo contra a imunoglobulina da espécie a partir da qual se obtém o soro antibacteriano ou antiviral). Este combina-se com o complexo antigénio-anticorpo e, ao microscópio de fluorescência, a reação é vista como uma luz verde-amarelada.

A. Método indireto

Materiais

Células de cultura de tecidos infectados cultivadas em lamelas ou esfregaço de impressão de tecido infetado, solução salina tamponada com fosfato (PBS) (ver apêndice), acetona refrigerada, soro hiper-imune não marcado, antiglobulina marcada com fluorescência, glicerina a 50% em PBS, frascos de coloração, placas de Petri, pinças, microscópio fluorescente, lâminas microscópicas, etc.

Método

1. Retirar cuidadosamente as lamelas dos tubos de cultura de tecidos utilizando uma espátula longa e estreita.
2. Lavar as lamelas duas vezes em PBS em duas placas de Petri.
3. Colocar as lamelas num prato vazio e deixar secar à temperatura ambiente.

4. Fixar os tecidos, transferindo as lamelas para uma placa contendo acetona arrefecida, e deixar atuar durante 10 minutos. Retirar as lamelas para uma placa vazia e secá-las à temperatura ambiente.
5. Cobrir cuidadosamente cada lamela com uma diluição de trabalho pré-avaliada (por exemplo, 1:64) de antissoro não marcado. Ser prudente com o soro, uma vez que é demasiado caro permitir que este transborde a lamela. Incubar a 37° C durante 30 minutos numa câmara húmida.
6. Retirar cuidadosamente cada lamela com uma pinça e lavar o soro mergulhando cada lamela em três recipientes de PBS. Colocar as lamelas num prato e deixar secar à temperatura ambiente.

7. Cobrir cuidadosamente cada lamela com uma diluição de trabalho pré-avaliada (digamos 1:64) de antiglobulina marcada e deixá-las a 37oC durante 30 minutos numa câmara húmida.
8. Lavar cuidadosamente cada lamela em três mudas de PBS para remover o excesso de antissoro marcado. Secar à temperatura ambiente.
9. Montar cada lamela, invertendo-a sobre uma lâmina de vidro limpa, utilizando glicerina (9:1) em PBS como meio de montagem.
10. Observar a fluorescência num microscópio de fluorescência.
11. No caso de esfregaços de impressão de tecidos infectados, começar a partir do passo 4.

B. Método direto

1. Siga o método indireto acima até ao passo 4
2. Sobrepor cuidadosamente cada lamela com a diluição de trabalho pré-avaliada do antissoro marcado e incubar a 37 oC durante 30 minutos em câmara húmida.
3. Lavar cuidadosamente cada lamela em três mudas de PBS.
4. Secar à temperatura ambiente.
5. Montar em glicerina-PB S.

Interpretação

No caso da amostra positiva, observa-se florescência (cor verde-maçã), ao passo que na amostra negativa não se observa tal cor.

EXERCÍCIO

1. **Qual é o significado do teste de anticorpos fluorescentes?** Para detetar depósitos de imunoglobulinas e proteínas do complemento em biopsias de pele, rins e outros órgãos.

30. TESTE DA IMUNOPEROXIDASE

Objetivo

Para detetar a presença de antigénio em amostras de tecido.

Princípio

O princípio é semelhante ao teste de imunofluorescência e localiza o antigénio viral ou bacteriano nas células utilizando imunoglobulinas marcadas com enzimas. O procedimento requer equipamento menos dispendioso do que a imunofluorescência (é utilizado um microscópio de luz vulgar) e produz uma preparação morfologicamente mais clara, não desvanecedora e permanente. Embora existam técnicas directas e indirectas, o teste de imunoperoxidase indireta é amplamente utilizado. A antiglobulina conjugada com a enzima ligada ao complexo antigénio-anticorpo é detectada através da adição de um substrato insolúvel adequado à enzima em causa; no caso da peroxidase de rabanete, trata-se de peróxido de hidrogénio misturado com um derivado de benzidina que forma um precipitado insolúvel colorido na presença da enzima. Uma desvantagem desta técnica é o facto de a peroxidase endógena presente nas células de muitos tecidos, em especial nos leucócitos, produzir resultados falsos positivos. Este problema pode ser contornado através da inclusão de controlos adequados e da experiência.

Materiais

Esfregaço de impressão de tecido em lâminas de vidro, PBS, acetona refrigerada, antissoro não marcado, antiglobulina marcada com enzima, cloridrato de diamino-benzidina tetra-hidratado a 0,05% em tampão Tris HCl (pH 7,6) - disponível comercialmente. Peróxido de hidrogénio, coloração de hematoxilina de Meyer ou Harris, câmara húmida, microscópio de luz, placas de Petri, frascos de coloração, glicerol a 50% em PBS, etc.

Método

1. Colocar os esfregaços ou secções de tecido da amostra suspeita nas lâminas, secar ao ar e fixar em acetona refrigerada durante 10 minutos à temperatura ambiente.
2. Inundar as lâminas com peróxido de hidrogénio a 0,5% em metanol até parar a efervescência para remover o peróxido endógeno das amostras.
3. Lavar as lâminas em PBS e secar, colocar as lâminas na caixa húmida.
4. Inundar as lâminas com uma diluição de trabalho pré-avaliada (digamos 1:10) de antissoro criado em coelhos e incubar a 37° C durante 1h.
5. Lavar as lâminas suavemente em três mudanças de PBS durante 10 minutos. Secar ao ar e voltar a colocar as lâminas na caixa de humidade.
6. Inundar as lâminas com a diluição de trabalho previamente avaliada de soro de cabra anti-coelho marcado com peróxido de rábano e incubar a 37° C durante 1h.
7. Retirar as lâminas e enxaguar abundantemente num grande volume de PBS.

8. Preparar a solução de substrato da seguinte forma. Ao cloridrato de diamino-benzidina tetra-hidrocloreto a 0,05% em tampão Tris HCl, imediatamente antes da utilização, adicionar uma solução de peróxido de hidrogénio a 0,1%.
9. Incubar durante 10 minutos à temperatura ambiente.
10. Lavar as lâminas em água corrente da torneira durante 5 minutos para parar a reação.
11. Corar com hematoxilina de Harris durante 5 minutos, diferenciar em álcool ácido e corar em água com amoníaco ou água da torneira.
12. Isto ajuda a ver a morfologia do tecido. Lavar as lâminas em água corrente e montar em PBS com glicerol a 50% e examinar ao microscópio de luz.

Interpretação

A presença de antigénio apresenta uma cor vermelha castanha contra um fundo azul claro quando observada ao microscópio de luz. Para uma interpretação adequada, os resultados são comparados com lâminas de controlo positivas e negativas conhecidas.

EXERCÍCIO

1. Qual é o significado do teste de imuno peroxidase? Para detetar a presença de Ag nas amostras de tecido infetado.

31. WESTERN BLOTTING

Objetivo

Detetar a conformação de uma determinada amostra de proteína suspeita.

Princípio

O Western blotting (também conhecido por protein blotting ou immunoblotting) é um ensaio rápido e sensível para a deteção e caraterização de proteínas. A técnica de Western Blotting explora a especificidade inerente à interação antigénio-anticorpo para identificar antigénios específicos através de anticorpos policlonais ou monoclonais.

PÁGINA SDS

É realizado num sistema tampão descontínuo em que o tampão do reservatório tem um pH e uma força iónica diferentes do tampão utilizado para moldar o gel. Os complexos SDS-polipéptidos presentes na amostra aplicada ao gel são arrastados por um limite móvel criado pela passagem de uma corrente eléctrica entre os eléctrodos. Depois de migrarem através do gel de empilhamento de elevada porosidade, os complexos depositam-se numa zona muito fina na superfície do gel de resolução. Em eletroforese posterior, os polipéptidos são resolvidos com base no seu tamanho no gel de resolução.

Western Blotting

O blotting consiste na transferência de proteínas resolvidas a partir do gel para uma superfície de uma membrana adequada, normalmente por eletroforese e referida como electro blotting. O gel é colocado em contacto com a membrana de nitrocelulose, que é ensanduichada entre papel de filtro, duas almofadas porosas e dois suportes de plástico. Todo o conjunto é depois colocado numa cuba de eletroforese com tampão de blotting. As proteínas são transferidas para a posição correspondente na membrana, tal como resolvidas no gel de poliacrilamida, formando uma imagem em espelho do gel. A proteína de interesse na membrana é posteriormente localizada por imunodetecção

Materiais

Mistura de gel de separação SDS, gel de empilhamento SDS, APS, tampão de reservatório, tampão de carregamento de amostras, marcador de proteínas, amostras de proteínas, tampão de blotting, tampão de lavagem, anticorpo primário, conjugado HRP, TMB / H_2O_2, membrana de nitrocelulose (NC) com papel de filtro, solução de coloração Coomassie, solução de descoloração, água destilada, aparelho electroforético para SDS-PAGE e western blot, etc.

Método

Preparação da amostra

Combinar um volume igual de tampão de amostra 2X e a amostra num frasco com tampa de rosca (nunca utilizar frascos Eppendorf, pois podem abrir-se quando são fervidos) e colocar num suporte de flutuação e ferver durante 3 min (ajustar a concentração de proteínas para 10-20 mg/ml). Para lisado de células 56 µg/lano. Para proteínas altamente purificadas 0,5 a 5,0 µg/lano. Colocar a amostra em gelo até estar pronta para utilização. A amostra tratada pode ser armazenada a -20° C durante 6 meses para futuras execuções.

PÁGINA SDS

1. Montar as placas para o gel de moldagem como indicado abaixo.
2. Fixar o conjunto de placas num aparelho de gel casting. Assegurar que o conjunto é estanque, enchendo-o de água entre as placas. Pode aplicar-se massa lubrificante de silicone no espaçador para obter uma vedação estanque à água.
3. Adicionar 50µl de solução de APS a 5 ml de mistura de gel de separação SDS e verter a solução de gel entre as placas até que o nível esteja 2 cm abaixo do bordo superior da placa entalhada.
4. Adicionar 200 a 250 µl de água para tornar a superfície homogénea.
5. Depois de o gel ter endurecido (cerca de 20-30 minutos), lavar a parte superior do gel de separação com água destilada e escorrer completamente a água
6. Adicionar 20µl de solução de APS a 2 ml de mistura de gel de empilhamento e verter diretamente sobre o gel de separação polimerizado.
7. Introduzir o pente na solução de gel com cuidado, sem prender bolhas, cerca de 1 cm acima do gel de separação. O gel de empilhamento endurecerá em cerca de 10 minutos.
8. Adicionar 25µl de tampão de carregamento de amostras à amostra de proteínas.
9. Adicionar 25µl de tampão de carregamento de amostras a 25µl de marcador de proteínas.
10. Colocar num banho de água a ferver durante 5 minutos.
11. Depois de o gel de empilhamento ter endurecido, remover cuidadosamente o pente e o espaçador inferior. Lavar imediatamente os poços com água destilada para remover a amida acrílica não polimerizada. Encher o reservatório inferior com 1 X de tampão do reservatório e fixar cuidadosamente a placa ao aparelho, sem deixar cair quaisquer bolhas de ar entre o tampão e o fundo do gel. Fixar as placas ao aparelho PAGE. Encher o reservatório superior com 1 X de tampão de reservatório.
12. Carregar 30µl de marcador de proteína no poço 1, 40µl de amostra de proteína no poço 2 e 5 µl de amostra de proteína no poço 4. Anotar a ordem de carregamento. Ligar os cabos à fonte de alimentação

de acordo com a convenção.

13. Ajustar a tensão a 100V e ligar a fonte de alimentação.

14. Quando a frente do corante chegar a 0,5 cm acima do fundo do gel, desligar a corrente eléctrica. Este processo demora cerca de 60 a 90 minutos.

15. Retirar as placas de gel e separá-las cuidadosamente com uma espátula ou instrumento semelhante.

16. Transferir o gel para um recipiente com água e lavar o gel durante 1 a 2 minutos à temperatura ambiente.

17. Decantar a água, cortar o gel ao longo da linha 3

18. Transferir a pista 4. Amostra de proteínas em 10 ml de tampão de blotting numa placa de Petri, manter à temperatura ambiente durante 10 minutos. Após a incubação, proceder à electroblotagem como descrito na etapa 22.

19. Adicionar um mínimo de 20 ml de água ao pedaço de gel (pistas 1 e 2).
20. Decantar a água e adicionar um mínimo de 20 ml de corante de Coomassie. Corar à temperatura ambiente durante 60 a 90 minutos.

21. Decantar a solução de coloração e adicionar uma quantidade mínima de água para cobrir o gel.

Electroblotagem

1. Montar a sanduíche de blotting dentro da cassete de blotting. Ter o cuidado de evitar a formação de bolhas de ar entre o gel e a membrana NC.

2. Inserir a cassete no aparelho cheio de tampão de blotting e ligar a unidade de blotting à fonte de alimentação, de acordo com a convenção.

3. Eletroforese da amostra a 50 V durante 2 h para que ocorra a formação da mancha.

4. Retirar cuidadosamente a membrana NC da cassete e colocar a membrana em 10 ml de tampão de bloqueio recentemente preparado numa placa de Petri. Deixar durante a noite a 4 C.°

Imunodetecção

1. Rejeitar a memória intermédia de bloqueio.
2. Imergir a mancha em 10 ml de solução de anticorpo primário e misturar suavemente durante 30 minutos. Deitar fora o anticorpo primário.
3. Lavar a mancha por imersão em 10 ml de tampão de lavagem durante 3-5 min. Repetir a lavagem duas vezes. Deitar fora o tampão de cada vez.
4. Imergir o blot em 10 ml de anticorpo marcado com HRP.
5. Lavar a mancha por imersão em 10 ml de tampão de lavagem durante 3-5 min. Repetir o processo de lavagem quatro a cinco vezes. Deitar fora o tampão de cada vez.

6. Imergir a mancha lavada em 10 ml de solução de substrato, misturar suavemente durante 5-10 minutos, após o que aparecerá uma banda colorida.
7. Retirar a mancha, lavar com água destilada, deitar fora e secar.
8. Comparar o gel SDS PAGE com a membrana de nitrocelulose desenvolvida (Fig.14).

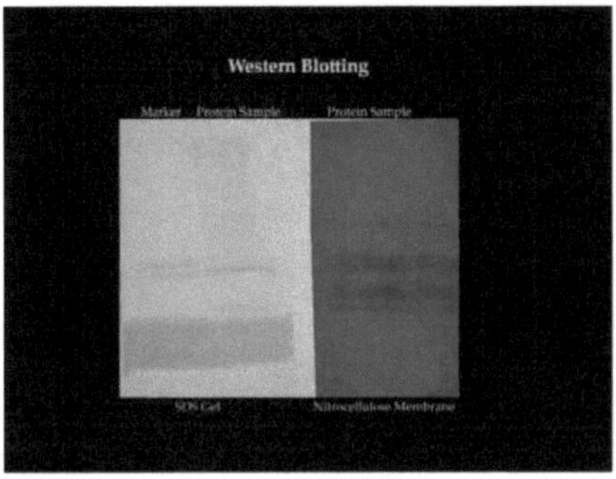

Fig. 14 Western Blotting

EXERCÍCIO

1. Qual é a utilidade do western blot? Separação de proteínas e identificação.

32. DEMONSTRAÇÃO DA REACÇÃO TUBERCULÍNICA

Objetivo

Para detetar a presença de infecções micobacterianas.

Princípio

A hipersensibilidade retardada é responsável pela interação parasita-hospedeiro em doenças crónicas como a tuberculose, a doença de Johne, etc. Estas doenças nos animais podem ser diagnosticadas através de um teste cutâneo intradérmico com tuberculina e johnina.

Materiais

Cobaias 2, seringas de tuberculina com agulhas 2, vacina BCG 0,25 ml, tuberculina 0,25 ml, máquina de cortar cabelo 1, desinfetante para a pele (álcool a 70%), etc.

Método

1. Sensibilizar uma cobaia injectando 0,25 ml de vacina BCG por via intradérmica numa almofada da pata.
2. Após 3 semanas, raspar um pouco de pele nas costas das cobaias sensibilizadas e de controlo e desinfetar as áreas.
3. Injetar 0,1 ml de tuberculina por via intradérmica na zona depilada de ambas as cobaias.
4. Examinar os locais das injecções quanto ao desenvolvimento de eritema em ambas as cobaias e registar os resultados.

Interpretação

Time (h) after injection	Sensitized guinea pig	Control guinea pig
24		
48		
72		

EXERCÍCIO

5. **Para que serve a prova da tuberculina?** Para o diagnóstico da infeção por tuberculose em animais, utilizando a reação de hipersensibilidade de tipo IV.

33. ENSAIO DE INIBIÇÃO DA MIGRAÇÃO DE LEUCÓCITOS

Objetivo

Para detetar a resposta imunitária mediada por células.

Princípio

Quando os linfócitos sensibilizados são activados por um antigénio, produzem mediadores solúveis denominados linfocinas. Um destes mediadores inibe a migração de leucócitos. A inibição da migração de leucócitos por linfocinas produzidas por linfócitos activados mostrou uma correlação aproximada com a resposta imunitária mediada por células. Utilizando estes critérios, o teste tem sido utilizado para estudar a resposta imunitária contra muitas doenças virais.

Materiais

Placas de migração de leucócitos, capilares de micro-hematócrito, vidro de cobertura, cortador de ampolas, pinça (pontiaguda), micropipeta, **placas** de Petri, incubadora, centrífuga, tubos de centrifugação, hemocitómetro, meio RPM I-1640, soro de vitelo recém-nascido, Solução salina de equilíbrio de Hank (HBSS) - fluido de diluição de leucócitos 1X, cera de silicone, argila de selagem, antigénio positivo conhecido, coelhos saudáveis e imunes, heparina, peróxido de hidrogénio a 5%, dextrano (3% em solução salina normal), *câmara clara*, gráfico centimétrico, etc.

Método

1. Extrair 5-6 ml de sangue em 250 unidades de heparina da veia auricular em condições estéreis.
2. Adicionar sangue heparinizado a um tubo de fundo redondo siliconizado contendo 2 ml de Dextran a 3%.
3. Manter o tubo numa posição inclinada a 37° C durante 45 min. Em seguida, manter verticalmente durante 15 min a 37 oC.
4. Retirar o plasma rico em leucócitos com uma pipeta Pasteur para um tubo de centrifugação siliconizado e centrifugar a 900 rpm durante 5 minutos. Lavar o sedimento uma vez com HBSS.
5. Se o sedimento contiver eritrócitos em excesso, adicionar 4-5 ml de cloreto de amónio a 0,87% e deixar à temperatura ambiente durante 2-3 minutos, centrifugando depois a 900 rpm durante 5 minutos.
6. Lavar as células duas vezes com HBSS e ajustar a suspensão celular final para conter 15 X 10^6 células por ml.
7. Encher os tubos capilares com a suspensão de células, tapar uma das extremidades com argila "Sealease" e centrifugar a 500 rpm durante 4 minutos.
8. Tornar as câmaras de Perspex isentas de pirogénios, mergulhando-as em peróxido de hidrogénio a 5% e secando-as em seguida.
9. Cortar os capilares na interface célula-fluido e fixá-los com cera de silicone em câmaras de Perspex

de 1,5 ml.

10. Encher imediatamente as câmaras com HBSS enriquecido com 5% de soro de vitelo recém-nascido.

11. Encher algumas câmaras com HBSS enriquecido ao qual foi adicionado o antigénio. (A diluição do antigénio a utilizar no ensaio deve ter sido previamente testada quanto à sua toxicidade para os leucócitos de animais normais).

12. Fechar imediatamente as câmaras com lamelas, tendo o cuidado de não deixar entrar qualquer bolha de ar nas câmaras.

13. Incubar as câmaras numa câmara húmida a 37° C durante 20 h e registar a área de migração nas câmaras de controlo e de antigénio numa folha de gráfico centimétrica com a ajuda de uma câmara Lucida e calcular a área de migração.

Interpretação

Os resultados são expressos em percentagem de inibição e são calculados pela seguinte fórmula:

Índice de migração = (migração média das células na presença de antigénio/migração média das células na ausência de antigénio) X 100

Percentagem de inibição = 100- Índice de migração

EXERCÍCIO

1. Qual é o significado do teste de inibição da migração de leucócitos? Para avaliar a migração resposta imunitária.

APÊNDICE

A solução da Alsever

Dextrose 20,5g

Citrato de sódio 8,00g

Ácido cítrico 0,55g

Cloreto de sódio 4,20g

Água destilada 1000ml

pH 6.00

*Autoclave a 10 lb durante 10 min e armazenar a 4° C.

Tampão Tris-acetato-EDTA (TAE) (50X)

Base Tris 242g

Ácido acético glacia 157,1ml

0,5 M EDTA (pH 8,0) 100ml

*Adicionou-se água triplamente destilada para perfazer o volume final de 1000 ml. Foi utilizada uma solução de trabalho de 1X.

Tampão Tris-EDTA (TE) (pH 8,0)

10 mM Tris-HCl (pH 8)

11 EDTA mM (pH 8)

*Esterilizar a solução em autoclave

Vernol tampão

Barbital de sódio 0,2 M - 50 ml

0,2MHCl- 150 ml

pH-8.3

*Esterilizar por autoclavagem e armazenar a 4 C°

Tampão Tris-Borato (TBE) (10xsolução de reserva)

Base Tris 108 g

Ácido bórico 55g

0,5 M EDTA 40ml

*Dissolvido em 800 ml de água destilada autoclavada, por agitação, ajustar o volume a 1 litro com água destilada autoclavada.

Solução salina tamponada com fosfato (pH 7,4)

NaCl 8g

KCl 0,2 g

KH_2PO_4 0,2 g

Na2 HPO4 (anidro) 1.14g

*Dissolver e completar o volume para 1000 ml com água destilada.

1M Tris-HCl (pH 7,4 e 8,0)

Base Tris 121.1g

Água destilada 1000 ml

*Ajustar o pH para o volume desejado, adicionando HCl convencional. Distribuir em alíquotas e esterilizar por autoclavagem a 15 psi durante 20 min.

Reagentes utilizados para ELISA

Tampão de revestimento (tampão carbonato-bicarbonato pH 9,6)

a. Carbonato de sódio 0,2 M (solução A)

Carbonato de sódio (anidro) 5,3 g

Água destilada 250ml

b. Bicarbonato de sódio 0,2 M

Bicarbonato de sódio 8,4gm

Água destilada 500ml

c. Tampão de revestimento de trabalho

SoluçãoA1 6ml

Solução B 34 ml *Água destilada para perfazer o volume de 200 ml

Solução salina tamponada com fosfato (PBS) pH 7,4 (50 mM de fosfato, 150 mM de NaCl, pH 7,4)

Hidrogenofosfato dissódico $2H_2O$ 1,16g

Cloreto de sódio 8 g

Di-hidrogenofosfato de potássio 0 ,2 g

Cloreto de potássio 0,2 g

Água destilada para 1000 ml

Tampão de lavagem (PBST, pH 7,4)

PBS (pH 7,4) 1000 ml

Tween- 200 ,5 ml

Tampão de bloqueio

PBST 100 ml

BSA 1,0 g

Preparado imediatamente antes da utilização

Tampão do substrato (A preparar imediatamente antes da utilização)

H_2O_2 5µl

TMB100µl

(Ou)

"Substrato TMB/H2O2 disponível no mercado, diluído antes da utilização de acordo com as instruções do fabricante.

Solução de paragem (5N H_2SO_4)

Ácido sulfúrico 14,2 ml

Água destilada 100 ml

SDS - PAGE (dodecil sulfato de sódio - eletroforese em gel de poliacrilamida) Stock de acrilamida: (30:0.8)

Acrilamida30% 60,00g

Bis acrilamida0 ,8% 1,60g

Água desionizada200 ,00ml

*Armazenar a 4° C ao abrigo da luz **1,5M Tris pH 8,8 (tampão de gel de separação 4X)**

Tris (1,5M) 181,6g

Ajustar o pH a 8,8 com HCl 4N

* Completar o volume para 1000 ml com água destilada

0,5M Tris pH-6,8 (tampão de gel de empilhamento 4X)

Tris (0,5M) 30,3g

Ajustar o pH a 6,8 com HCl 4N

* Completar o volume para 5000 ml com água destilada

* Nota: A massa molecular do TRIS é 121,14.

Assim, 121,14 gin 1000ml é 1M&

1,2114g em 100ml é0,1M

10%SDS

Dodecil Sulfato de Sódio 10g

Água destilada 100ml

Per sulfato de amónio a 10% (a preparar fresco)

Amónio por sulfato 100mg

Água destilada 1ml

Tampão de amostra 2X

0,5M Tris pH 6,82,5ml

10% SDS 4.0ml

Glicerol 2.0ml

2-mercaptoetanol 0 ,2ml

Azul de bromofenol 0 ,5mg

Água destilada a 10ml

*Dividir em alíquotas de 1 ml e armazenar entre -40 e -80 C°

Eletroforese I Tampão de reserva

Tris(0.0025M) 15.14g

Glicina (0,192M 72,065g

SDS(3,5mM) 5g

Água destilada 5 litros

*Esta solução pode ser preparada diretamente em grandes frascos de reagentes, uma vez que não é necessário controlar o pH. Conservar à temperatura ambiente durante um mês.

Preparação do gel de separação (10%)

Solução-mãe de acrilamida 10 ml

Tampão de gel de separação 7,5 ml

Água destilada 12,3ml

Persulfato de amónio 150 µl

TEMED 20 µl

Preparação do gel de empilhamento

Solução-mãe de acrilamida 2 ml

Tampão para gel de empilhamento2ml

Água destilada 4,8 ml

Persulfato de amónio 90 µl

TEMED 10 µl

Soluções de coloração

Solução de coloração de Coomassie (R-250) 0,3mM 0,5g

Metano 1800ml

*Agitar até dissolver

Depois acrescente:

Ácido acético 140ml

Água destilada 2 litros

A filtragem não é necessária

*Conservar à temperatura ambiente até 6 meses.

Solução de descoloração -1

Metanol 400ml

Ácido acético 70ml

Água destilada 1 litro

Conservar à temperatura ambiente por tempo indeterminado

Solução de descoloração -2

Ácido acético 700ml

Metanol 500ml

Água destilada 10 litros

*Guardar à temperatura ambiente por tempo indeterminado

Solução salina tamponada com fosfato - Tween (PBS-T)

Cloreto de sódio 8,0g

Di-hidrogenofosfato de potássio 0 ,2g

Hidrogenofosfato de di-sódio 2,9g

Cloreto de potássio 0,2g

Tween - 200,5g

Água destilada 1000ml

Tampão Blot (tampão de transferência)

Tris0,1M pH-9, 1200ml

Metanol absoluto 80ml

Água destilada 120ml

*Misturar e conservar a 4 C°

REFERÊNCIAS

1. AnbalaganK. 1999. Uma introdução à eletroforese. Instituto de Eletroforese, Yercaud, Salem, Índia.

2. Benson HJ, 1999. Microbiological Applications: Um Manual de Laboratório de Microbiologia Geral.[1] Edição, McGraw Hill, Nova Iorque.

3. Cappuccino JG, Sherman N. 1996. Microbiologia - Um Manual de Laboratório. 5th Edition, Editores: Wirth AE e Olsen L. Publishers.

4. Frank C. Hay, Olwyn M.R. Westwood.2002. Practical Immunology. 4th Edition, Blackwell.

5. Ilakkia S, Senbagam D, Senthilkumar B, Sivakumar P. 2015. Um estudo de prevalência de febre tifoide e portadores assintomáticos de febre tifoide na fase de convalescença entre as crianças em idade escolar na parte norte de Tamil Nadu. *Jornal de Saúde Pública.* DOI: 10.1007⁄s10389-015-0655.

6. Karthik K. 2012. Avaliação do sensor nanobioelectrónico no diagnóstico da doença de Johne em caprinos. Instituto Indiano de Investigação Veterinária, Bareilly, UP, Índia. Tese de doutoramento.

7. Rajasekara Pandian M, Senthilkumar B, 2007. Immunology *& Immunotechnology.1s* Edition. Panima Publishing Corporation, Nova Deli, Índia. DOI: 10.13140⁄2.1.5033.0565.

8. Rathnam S (1999). Laboratory Animal Science. SR Publications.

9. Senthilkumar B, Anbarasu K, Senbagam D, Rajasekara Pandian M. 2014. Indução de mutação de deleção no gene *ompR* de isolados de *Salmonella enterica serovar Typhi* de portadores assintomáticos de febre tifoide para desenvolver estirpes atenuadas com vista ao desenvolvimento de vacinas. *Asian Pacific Journal of Tropical Medicine?* (12) 933-939.

10. Senthilkumar B, Sivakumar P, Madhanraj R, Senbagam D, Ilakkia S. 2014. Uma análise comparativa do polimorfismo *TLR5* e parâmetros clínicos em pacientes com febre tifoide e portadores assintomáticos de febre tifoide. *Jornal de Saúde Pública.* DOI: 10.1007⁄s10389-013-0604-5.

11. Senthilkumar B, Zothansanga, Senbagam D, Senthil Kumar N, Gurusubramaniam G. 2014. Microbiologia Prática - Um *Manual de Laboratório,* 1st Edição, Panima Publishing Corporation, Nova Delhi, Índia. DOI: 10.13140⁄2.1.2667.6163.

12. Senthilkumar B. 2008. Indução de mutação no gene *ompR* de isolados de *Salmonella enterica serovar Typhi* de portadores assintomáticos de febre tifoide para desenvolver estirpes atenuadas para o desenvolvimento de vacinas. Universidade de Periyar, Salem, Índia. Tese de doutoramento.

13. Talwar GP (1983). A handbook of practical immunology 1st Edition, Vikas publishing House Pvt. Ltd.

14. Talwar GP, SK Guptha (2004). A handbook of practical Immunology 2nd Edition, Volume II. Publicações CBS.

MIX
Papier aus verantwortungsvollen Quellen
Paper from responsible sources
FSC® C105338

Printed by Books on Demand GmbH, Norderstedt / Germany